L'Oasis
© DARGAUD 2020, by Hureau
www.dargaud.com
All rights reserved.

Korean translation copyright © 2022, by Gimm-Young Publishers, Inc.
This Korean language edition is published by arrangement with MEDIATOON LICENSING S.A.S.
through Icarias Agency.

이 책의 한국어판 저작권은 이카리아스 에이전시를 통한 저작권사와의 독점 계약으로 김영사에 있습니다.
저작권법에 의해 한국 내에서 보호를 받는 저작물이므로 무단전재와 무단복제를 금합니다.

일러두기
· 각주는 대부분 저자의 주이며 옮긴이주인 경우에는 따로 표기했다.
· 미주는 모두 옮긴이주이다.

정원을 가꾸고 있습니다

시몽 위로
한지우 옮김

김영사

서문

이 책에서 저자 시몽 위로는 우리가 더 이상 미룰 수 없는 시급한 소명을 제시한다. 그것은 바로 우리가 살아가는 이곳이 어떤 곳인지 이해하는 것이다.

직접적인 경험을 바탕으로 만들어져 풍부한 경험과 지식을 담고 있는 이 작품은 살아 숨 쉬는 것들을 접할 기회가 부족한 교육과 손에 흙을 묻히는 경험이 사라진 현실에 대한 아쉬움을 조금이나마 달래준다.

이론적으로 손에 흙을 묻힐 기회는 누구에게나 주어져 있다. 하지만 이로부터 실제로 무언가를 얻어 가는 것은 아주 적은 수의 사람들뿐이다. 진지하게 생명에 관해 알려 하지 않고 자연 공간을 그저 여가를 위한 장소로만 여기는 문화나 시골의 황폐화는, 결국 우리 삶의 터전인 지구라는 행성에 대해 무지하도록 만든다.

그 대책으로, 도시에 정원이 꾸며지기 시작했다. 이런 곳들은 '신세대 사회활동가'들이 기계화되지 않은 방식으로 직접 관리하지만 그 정원들은 더 이상 위험하거나 낯선 존재로 여겨지지 않고 혁신적인 라이프스타일, 더 나아가 새로운 사업 모델로 여겨진다. 그리고 그들 중에는 정원에서 생산되는 작물을 유용하게 쓰는 이들도 있다. 자신들의 지배가 끝날까 걱정하며 신경을 곤두세우고 있는 독점 자본과 대형 유통사들을 두려움에 떨게 하는 일이란!

저자가 한 땀 한 땀 가꾼 이 책의 정원에서는, 숫자라고는 해가 떠 있는 시간과 토마토 모종 개수밖에 찾아볼 수가 없다. 이 책의 주제는 잘 관리된 정원이 주는 우월감도 아니고, 여유 있는 힙스터가 주말에 시골 별장에서 유기농 녹차를 마시며 베란다 너머로 봄꽃이 만개하는 걸 바라볼 때 느끼는 행복도 아니다. 이것은 정치적인 목적으로 쓰인 것도 아니다. 이 책에는 들리지 않던 소리를 듣게 하기 위한 거의 모든 요소가 있지만 말이다.

이 책은 자연에 흠뻑 적셔지는 경험, 몰입, 만남, 발견, 경이에 관한 것이다. 그리고 생명의 다양성 가운데서 살아가며 알게 된, 믿기지 않는 놀라운 것들에 대한 감탄이며, 동시에 삶에 대한 가르침이다.

이곳에서만큼은 뱀과 거미를 봐도 씨를 말려야 할 적으로 여기지 않을 것이고, 말벌을 봐도 화를 내지 않을 것이다. 오히려 이제는 나비의 날개 무늬를 분류하여 기록하고, 딱정벌레의 반짝임을 보며 놀고, 하늘소를 상처 하나 내지 않은 채 손으로 잡을 수 있을 것이다. 최신 신발로든 해어진 구두로든 녀석들을 때려잡던 날들은 지나갔다. 정원에서 우리는 이해하려 노력한다. 관찰한다. 그리고 너무나 오랫동안 잃어버렸던 놀라움을 느끼며 깨닫는다. 우리가 자연과 함께 살기로 마음먹을 때 자연 역시도 우리와 함께 살기로 결심한다는 걸… 왜 아무도 우리에게 이것을 진작 알려주지 않았을까?

그 답을 찾는 것은 우리 몫이다. 이 여정을 떠나는 데 나이는 중요하지 않다. 우리는 세상을 새로 그려내야 하고, 이를 위해 정원의 쓸모없는 울타리나 경계 따위는 잊어야 한다. 바람과 새는 토지 문서를 신경쓰지 않는다. 우리가 만날 정원사는 이 사실을 알았고, 모든 것을 이해하고 있었다.

그는 무모하고 실험적이고 창의적이다. 그는 말끔하게 빈 바탕 위에서 설계도를 미리 그려보지도 않은 채 정원을 통째로 만들어낼 뿐 아니라, 어디서 왔는지도 모를 기묘한 종들에게 마음대로 이름을 붙여준다. 규칙이 중요한 이들을 안절부절못하게 만들기에 딱이다. "말끔히 옻칠한 가구를 더럽히지 않도록 먼지를 집 밖에 버리는 것처럼 곤충이랑 '잡초'도 정원에서 없애야 돼. 그래야 깨끗하지!" 깨끗하다고? 우리가 사는 세계에서 말끔한 생김새(요즘은 디자인이라고도 하는 것 같다)가 무슨 상관이 있단 말인가? 진정한 관계는 오직 생명을 가진 존재들의 교류 속에서, '청소'가 말살하는 생물학적 복잡성에 의해서만 이루어질 수 있는데 말이다. 여러 생물이

뒤죽박죽 섞여 있는 저자의 채소밭과 그 밭을 보며 비웃는 이웃집은 어떤 이해관계로도 엮여 있지 않다. 이웃집 채소밭과의 차이는 그저 서로 다른 경작법으로부터 생겨난 것으로 이해하면 될 터이다.

자신의 복잡함 속에 자리한 생명이 그 둘 중에서 어느 쪽에 있는지 우리는 쉽게 알아챌 수 있다. 하지만 정원에서 질서 잡힌 아름다움을 추구한다고 해서 살아 있는 존재를 따뜻하게 맞이할 기회가 아예 사라지는 것은 아니다. 이는 정원을 어떻게 가꾸는지에 달려 있다. 이 세상에는 아직 옛 방식을 고수하는 정원사들이 남아 있다. 적어도 이들은, 모든 것을 죽이는 화학약품을 사용해 농도는 알맞지만 다양성은 한 줌도 찾아볼 수 없는 흙을 만들어내지는 않는다. 게다가 화학약품 덕분에 이루어진, 겉보기에 질서 정연한 정원을 그대로 유지하는 것을 모든 지구인이 계속 봐주기는 어려운 간섭의 시간이 도래했다. 이제는 이런 문화를 바꿀 때가 되었다.

오늘의 자연이 미래의 정원을 만든다. 기후와 토양과 특별한 도움 없이도 때에 따라 자라나는 꽃들이 허용하는 생태적 능력이 어우러질 때, 우리가 추구해야 할 정원의 상이 그려질 것이다. 그렇다고 해서 정원사가 더 이상 가지치기나 열매솎기를 할 수 없거나, 더 나아가 '뺄셈 농법'(바람이나 새 덕분에 자리 잡은 종들 중에서 키우고자 하는 몇몇 종을 제외하고 방해가 될 만한 특정 식물을 제거하는 것)마저 못하는 것은 아니다. 이것은 스스로 심은 것만 빼고 모두 없애버리겠다고 고집하는 잡초 뽑기와는 다르다. 대체로 '뺄셈 농법'이 이루어진 경우에 정원사는 그 어느 것도 심지 않고 어느 땅도 경작하지 않으며, 그저 모든 것이 공짜로 오곤 한다. 흙 속에 잠들어 있던 씨앗들은 비나 한파나 더위가 찾아올 때, 아니면 두더지가 분주하게 들썩이기 시작할 때 피어난다. 영양가 없어 보이거나 심심한 잔디로만 덮인 땅에도 유럽두더지 *Talpa europaea*가 꼬물꼬물 경작을 시작하기를 마냥 기다리는 보물들이 있다. '추수철 잡초'처럼 이제는 보기가 어려워졌지만 멸균되지 않은 흙 속에는 여전히 존재하는 그런 종들 말이다. 이 다양성을 유지할 수 있도록 도와주는 두더지에게 감사를… 야생 블루베리가 다시 열매 맺는 모습은 언제쯤 볼 수 있을까?

정원사는 또 '미학적'인 이유로 정원에 개입하기도 한다. 즉흥적이면서도 필수적인 이 과정은 생명의 풍족함으로 이루어진 조화로움을 이해하기 쉽게, 눈으로 보기 즐겁게 만들어준다. 우리는 언젠가 이렇게 말할 수도 있을 것이다. "우리가 세상을 바꾸어냈다. 이곳은 더 이상 그저 정원이라는 공간을 인위적으로 꾸민 모습이 아니라, 생태다양성의 영향으로 생명이 진정 다채롭게 발현된 풍경을 지니게 되었다…"

또 해로운 화학약품을 사용하지 않는 것은 이 세상을 위한 중요한 한 걸음일 것이다. 화학약품은 우리에게 정원을 완벽하게 관리하고 통제할 수 있다는 환상을 심어주며, 질서정연함과 깔끔함과 효율성이라는 미명하에 생태계를 파괴하도록 한다.

시몽 위로는 말한다. "살아 숨 쉬는 정원에서는 지루해질 틈이 없다"라고. 새 아침이 올 때마다 정원사는 새로운 것을 발견한다. 이런 경험은 정원을 최상의 상태로 유지하기 위해 드는 불필요한 에너지를 줄일 수 있게 해주지만, 한 치도 예측할 수 없는 미래와 생명의 창조에는 간섭하지 않는다. 다람쥐의 움직임과 까치의 비행, 바람 한 줄기, 새로이 나타나는 사슴, 이름 모를 씨앗의 발아, 우박, 내리쬐는 태양의 뜨거움은 확실하게 예측할 수 있는 종류의 것이 아니다. 하나의 뿌리가 다른 뿌리에게 전하는 신비로운 신호의 힘을, 우리가 여전히 이해하지 못하는 비밀로 가득한 이 세상 속 존재들이 나누는 대화의 장 안에서 어찌 측정할 수 있을까. 이 특별한 공간의 모든 것이 아직 발견되기를 기다리고 있다. 그러니 생명이 살아갈 수 있는 환경을 제공하는 토양을 잘 보존하는 일 또한 중요하다.

새로운 하루는 새로운 의문을 던지고, 모든 의문이 곧 자연과의 열려 있는 대화이다.

정원에서 우리는 대화한다. 이 생기 가득한 대화에서는 어떤 언어 하나가 특권을 누리지 않는다. 모든 언어는 생명과—그것이 사람이든 아니든—관계를 맺을 힘을 가지고 있다. 정원에서의 교류는 모든 이의 언어로 이루어진다. 어쩌면 그것은 우리가 진정 자유롭게 사용할 수 있는 유일한 언어인지도 모른다.

질 클레망 Gilles Clément
원예기사, 조경사, 정원사, 작가, 베르사유 국립조경학교 교수

이야기를 시작하며

어느 날, 아침밥을 먹는 중에 일어난 일이다…

생태다양성은 태양 아래 눈처럼 녹아내리고 있지만, 늘 중요한 문제로 취급되지 못하고 있습니다.

오, 환경부 장관 니콜라 윌로[1]네…

저는 더 이상 제 자신을 녹이고 싶지도 않고, 제 정치 활동을 통해 우리가 이 문제를 잘 해결해가고 있다는 환상을 심어드리고 싶지도 않습니다. 그렇기에 저는 정계를 떠나기로 결정했습니다.

네? 장관님… 진심이신가요?

네, 전 아주 진지합니다.

바로 이 사건이 제가 무언가를 행동으로 옮기고 싶다는 마음을 먹게 된 계기였습니다만, 별 힘도 없는 제가 할 수 있는 게 뭐가 있을까요?
"생태다양성은 태양 아래 눈처럼 녹아내리고 있다…" 맞는 말이지만, 왜 아무도 생태다양성을 보존하는 건, 더 나아가 망가진 생태계를 복구하고 새로운 생태계를 만들어내는 것이 생각보다 훨씬 쉽다는 말은 하지 않는 걸까요?
이건 마법이 필요한 일이 전혀 아니에요. 그걸 가장 잘 보여주는 증거가 우리네 정원이고요…
네? 책이요? 좋아요, 한번 써보죠!

기후 변화
동식물 멸종
생태다양성 감소
야생동물 소멸
조류 개체수 급감
곤충의 종말

집을 사자마자, 우리는 할 일이 많아졌음을 직감했다.
집이 얼마나 엉망진창인지 암울할 정도였으니까...
그렇지만 우리에겐 이 집의 가능성이 보였다.
여기를 계약하기로 결정하는 데에는 작지 않은 정원의 존재가 꽤나 큰 역할을 했다.

그렇다, 정원 말이다!

집을 보는 단계에서 정원은 우리가 필수적으로 고려한 조건 중 하나였다.
물론 이 조건을 만족하기 위해선 도시를 떠나야만 했다.

우리는 그렇게 스트레스를 유발하는 도심의 소란과 무미건조한 생활에서 멀리 떨어져,
강가에 위치한 아름다운 마을을 선택했다.

우리가 도착했을 때, 확실히 정원보다는 집이 그나마 훨씬 봐줄 만한 상태였다.
길고 좁은 잔디밭, 툭 터진 라일락, 체리나무[2] 두 그루, 수국 세 그루,
구석의 주목[3] 하나와 철책을 따라 늘어진 오래된 포도나무 몇 그루…

홍자단[4] 덤불

한마디로, 아직 한창 개발중인 공터라고 해도 믿었을 것이다.
새는 몇 마리 보였지만 활기차다고 하기 어려워 보였다.

그래서 이 150평을 가지고 뭘 해야 된다고?

일단 지금 꿈과 환상이 넘치지 않는다는 사실에는 다 동의하는 것 같네…

우리는 계획도 세우지 않았었고, 원대한 목표를 정한 건도 아니었고,
특별히 책을 읽거나 공부를 한 건도 아니었다. 우리는 신념도, 방향성도 전혀 구체화
하지 않은 상태였고, 충동적으로나마 이곳에 오게 된 데에 만족할 뿐이었다.

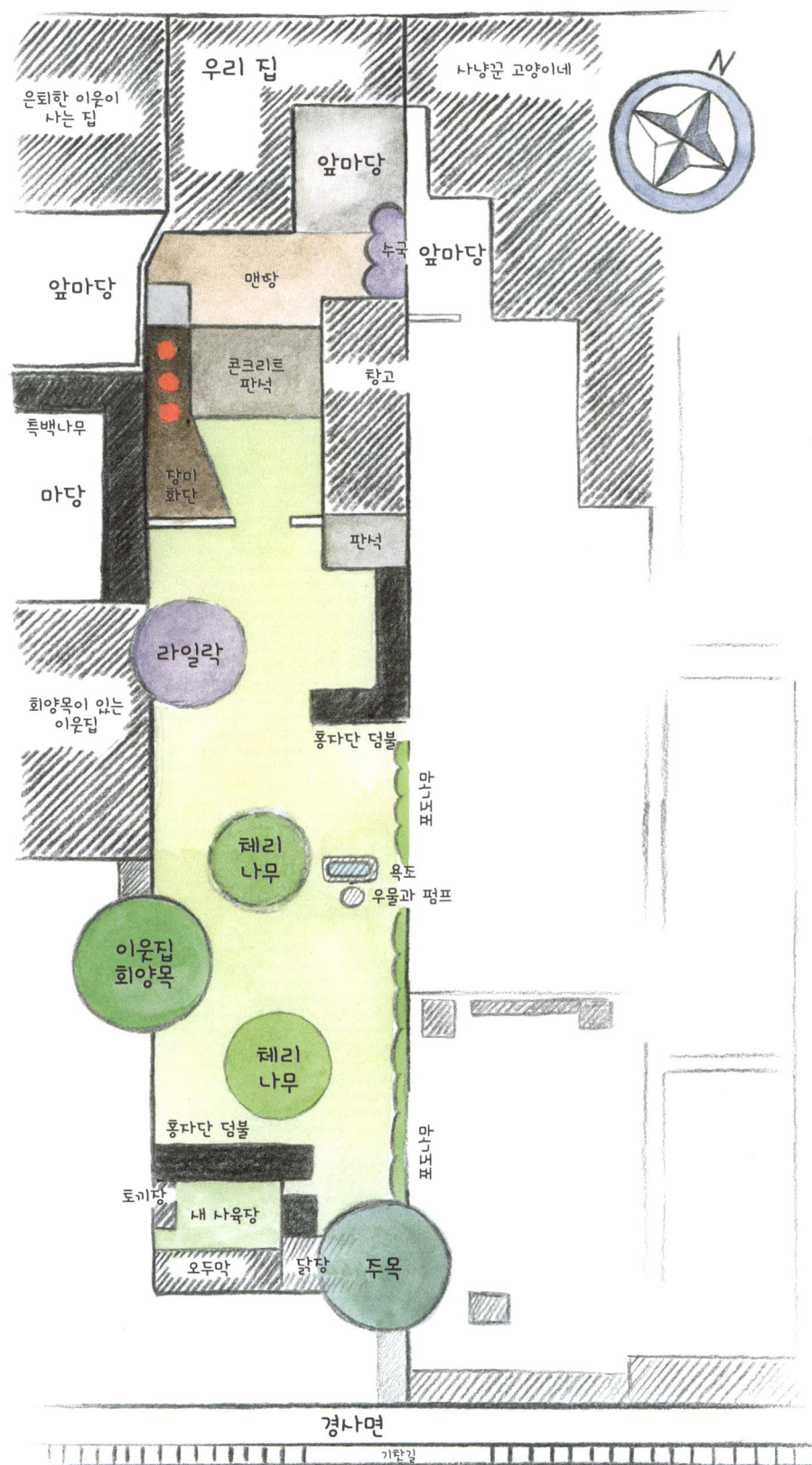

우리는 큰소리 한번 내지 않고 갈등 한번 없이, 가장 먼저 처리해야 하는 문제에 합의를 보았다. 바로 저 끔찍한 홍다단 덤불을 뿌리뽑는 것이다.

그냥 홍자단 덤불만 있었더라면 좋았을 것이다...
흉측하고 메마르고 흔해빠진 것들 중 단연 최고는 측백나무[5]다.

진지하게, 우리가 도대체 뭘 잘못했길래 고개를 돌릴 때마다 이 녀석 때문에
고통받아야 하는 걸까? 측백나무를 1미터 간격으로 심어놓고 전부 네모낳게
다듬어야겠다는 생각을 처음 해낸 사람은 누구였을까? 한 가지는 확실하다.
측백나무는 그 땅이 망가졌음을 나타내는 간판 같은 존재가 되어버렸다는 것.

우리 집에도 측백나무 울타리가
있었다면 이삿짐 낭자를 열기도 전에
그걸 제일 먼저 다 뽑아버렸을 거다.

하지만 안타깝게도 우리의
시야를 망치는 존재는 담장
너머에 있다...

어찌 되었든 그 노인이 이 녹색 콘크리트 덤불에 대한 주도권을 꽉 쥐고 있었기에,
우리는 꼼짝없이 을씨년스럽고 두꺼운 벽 뒤에 파묻혀 있던 커다란
내장을 구출해내기 위해 내내 어두운 정원 구석에서 작업을 해야 했다.

하아! 이제야 숨 좀 쉬겠네!

끝없이
나오는
홍자단

물론, 정원에 생기가 돌아온 건 순전히 이렇게 뜯고 뽑고 하며 만들어낸 텅 빈 공간 때문만은 아니다.

정원을 가꾸다 보니, 쓰레기장에 정기적으로 가는 것도 내가 해야 하는 집안일 중 하나가 되었다.

그렇게 항상 물로만 차 있던 욕조가 풍성한 삶을 뒷받침하게 되었다.

강가 산책을 가보자…

작고 동그란 잎사귀가 참 귀엽다.

작은 수련처럼 생겼네.

유럽다라풀[15]

지인 중에서 자연에 진심인 이들은 언제나 노우일 테지만, 그럼에도 이런 일이 일어나곤 한다…

자, 이건 물수세미[16]예요.

물을 정화해주죠.

이와 더불어 나는 우리의 소박한 연못에 언젠가 육지 동물과 양서류가 찾아올 때를 대비해 접근성을 개선하고자 했다.

자갈로 만든 언덕길

하지만 양서류를 위한 호텔은 고양이를 위한 바에 비해 영업이 잘될 기미가 보이지 않았고…

결국 우리는 시장에서 사온 물고기를 욕조에 풀어놓기로 했다.

집을 꾸미다 보니 바깥에 온갖 돌무더기를 쌓아놓을 일이 생기곤 했다. 처음에는 낮은 벽을 복구할 때가 오면 쓸 생각에 보관해놓기 시작했지만, 점차 그저 건성 구조물[17]이 마음에 든다는 단순한 이유 때문에, 바벨탑을 건설하는 건 그 자체를 목표로 삼게 되었다.

• Tuffeau. 석회암의 한 종류로, 프랑스의 루아르 지방에서만 난다. — 옮긴이

시간을 들여 가꾸니, 이런 모습으로 완성되었다.

작업하는 틈을 타 습한 환경을 좋아하는 식물들이 들어섰고, 이제는 돌담 틈내에 하나의 새로운 생태계가 뿌리내리고 있다.

← 연철 난간

← 석회로 다시 쌓은 벽

고사리[18], 봉작고사리[19], 그리고 왕지네[20]가 번성한다. 박하가 꽃을 피우고, 쑥부지깽이[21]와 제비꽃과 덩굴해란초[22]도 만개한다.

낡은 포석도로에서 가져온 자재로 둑을 만들었다.

그저 쏟아지는 빛줄기 하나가 생겼을 뿐인데, 그것이 이곳에 생기를 불러왔다. 하늘을 향해 뚫린 통로 가장자리에는 이파리가 무성해지고, 물고기들은 유영하러 이곳을 찾아온다.

강으로 연결된 통로가 그러했듯이, 계단 역시도 호기심이 많거나 길을 잃은 손님들을 우리 집으로 인도해주었다.

오리 한 마리가 정원을 잠시 둘러보러 왔었고,

꽤나 자주 뉴트리아가 산책하러 오기도 했다.

으악, 괴물이다!

깜짝이야!

맑은 공기를 마시러 온 쥐도 한두 마리 있었다. 다만 우리는 그동안 사람들이 강에 버리고 간 잡동사니를 전부 수거했는데, 이 일이 의도치 않게 쥐들을 멀리 쫓아내는 데 기여한 듯하다.

강에서 낚시하는 마음으로 건져냈던 잡동사니들이다.

석탄 양동이, 나일론 양말, 펜, 낚싯돌, 플라스크…

케토프로펜 연고*, 4-하이드록시벤조익 애씨드 에스터**, 에탄올, 카보머 940*** 등등. 물고기들이 퍽이나 좋아하겠다…

* 소염진통제.
** 화장품 보존제인 파라벤에 사용되는 성분.
*** 화장품에 사용되는 점등제.

이게 끝이 아니다!

포도주 운반용 손수레 두 대, 매트리스 하나, 양탄자 하나, 산산조각 난 오토바이 하나, 타이어 하나…
이게 전부 우리 집 근처에서만 건져낸 것이라니!

강을 관찰하다 보면 아직도 구석기 시대에
사는 사람들이 있다는 사실을 깨달을 수 있다…

내가 이렇게 반응하는 이유가 있다. 정원을 가꾸다 보면 과일껍질 같은 걸 퇴비로 재사용하면서 정말로 쓰레기의 양을 줄일 수 있다는 걸 알게 되기 때문이다.

특히 상추 끝이나 당근 잎, 파슬리 줄기,
양배추 잎, 야채 껍질, 마른 빵 같은
몇몇 쓰레기는 어디에 써야 할지가
금방 명확해졌다.

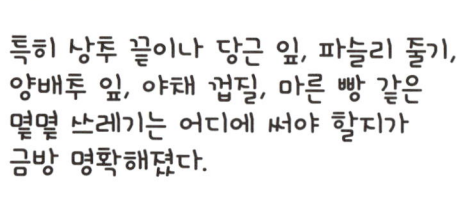

시골에서 소풍을 즐기다 보면 우리 집 작은 식구들에게 둘 플랜틴[23]이나 민들레를 챙겨 올 기회가 생기기도 하는데, 그럴 때면 요즘도 가끔…

봐봐, 빈카[24]야. 예쁘다.

컴프리[25]도 있어. 우리 집에 놓으면 예쁠 건 같지 않아?

사람들은 산책길 근처에 자기네 정원에서 나온 쓰레기를 버리기도 한다.

달리아 뿌리잖아!

용버들[26] 가지인데 아직도 싱싱해. 깔끔하게 잘렸네!

이건저건 시도하다 보면 결국 식물들은 각자 자기에게 맞는 자리를 찾아가고, 그렇게 모든 것이 제 역할을 하게 된다.

이걸 이야기하는 게 도움이 되려나? 나는 정원을 가꾸면서 꽃집에서 추천해주는 화학물을 우리 정원에 사용해야겠다는 생각을 한 적이 한 번도 없다.

석회보르도액[*27]을 덩굴에 살짝 뿌려서 엉킨 부분이 썩지 않도록 하는 게 우리가 허용하는 최대치야!

- 더 좋은 방법이 분명 있을 거다. 배움에는 끝이 없기 마련이니까…

뭐야, 말벌이 포도 몇 알을 먹으러 온다고?
큰일이군!

… 그치만 조금 나눠준다고 별일 있겠어?

까치나 찌르레기[28]랑 체리를 나눠 먹는 것과
비슷한 거 아닐까?

독일땅벌
Vespula germanica

말벌[29]
Vespa crabro

• 허락 없이 사진 찍지 마!

정원의 과일을 우리 혼자 차지하기 위해
그렇게 많은 힘을 쏟아야 하는가…
우리가 애낳 가치가 있는 좋은 일들이 얼마나 많은데!

각각의 식물들이 하늘에서 갑자기 튀어나오게 하기라도 하는 듯 정확하게 어떤 동물을 끌어들이는 걸 보면
얼마나 신기한지 모른다.

우리 그저 뜰에 작은 채소밭을 가꾸고
감자를 심었을 뿐인데… 짜잔!

감자잎벌레! 너무 예뻐!
어쩜 이리 화려한
줄무늬 옷을 입었을까!

(하지만 제아무리 예뻐도
우리의 감자 수확을 막지는 못했다.)

박하도 마찬가지로
다채로운 잎벌레[30]들의 점령지가 되었다!

보석 같아!

콜로라도감자잎벌레[31]
Leptinotarsa decemlineata

박하잎벌레[32]
Oreina menthastri

서로 다른 세 동이
함께 있는 것도 봤다.

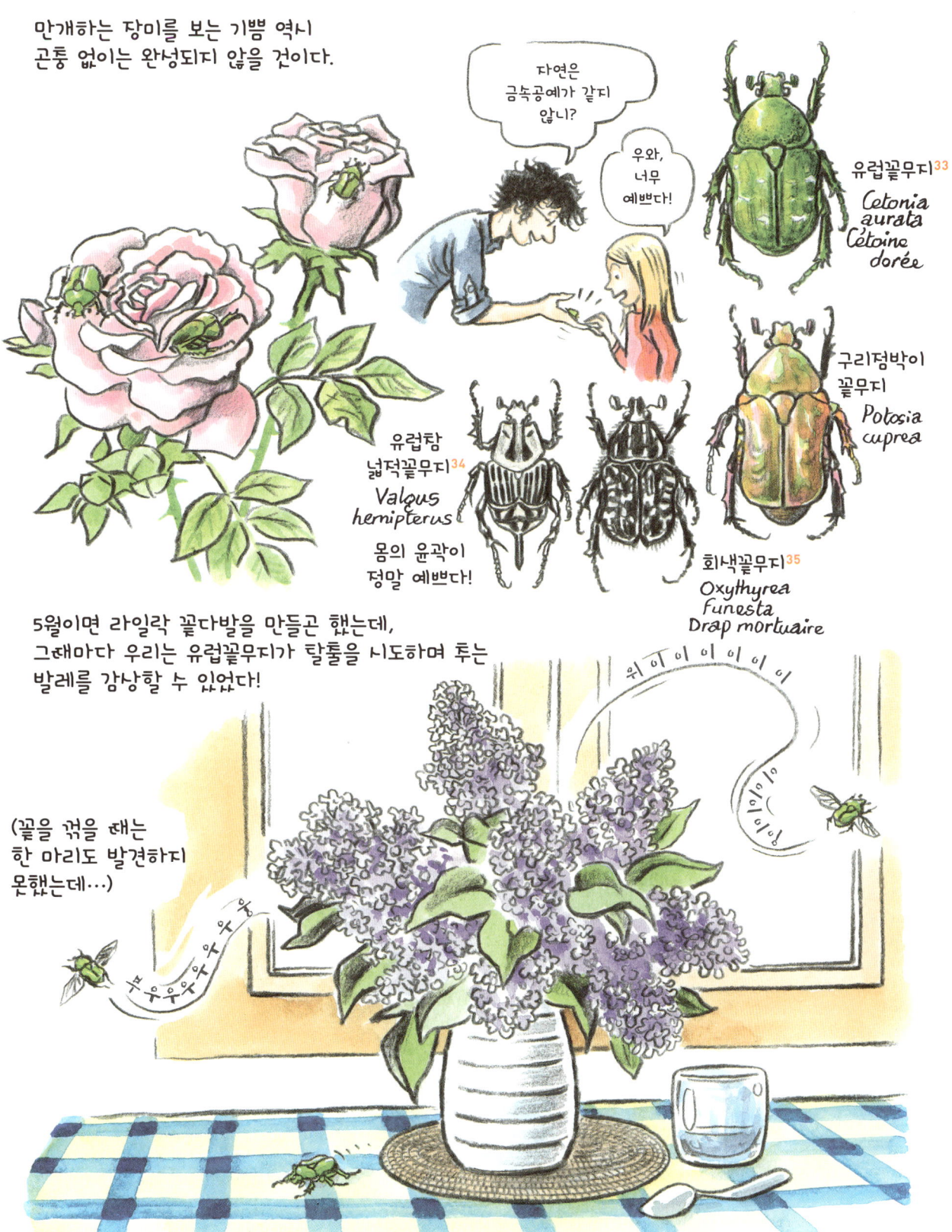

"생각해보면 간단한 원리란 말이야. 식물이 다양해지고 많아질수록, 더 많은 동물들이 돌아오면서 생태계에 다양성을 더하는 거지."

"그치만 단순히 다양성 문제만은 아니야. 정원의 각 부분은 시간이 지나면서 자기만의 성격이나 고유하게 복합한 특징을 드러내잖아. 이 정원은 부분부분 특별하게 조성된 생태 환경 여럿이 모여서 만들어진 거고."

"맞는 말이야. 여기서 볼 수 있는 새 종류도 점점 더 다양해지는 거 눈치챘어?"

"처음에는 저 아래 철길 때문에 새가 한 마리도 안 올까봐 걱정했는데…"

물론 초기에도 둥직한 몇몇 친구들은 언제나 빠짐없이 찾아오리라 확신할 수 없었다.

푸른박새[41], 박새[42], 집참새[43], 대륙검은지빠귀[44], 꼬까울새[45]…
그리고 또 염주비둘기[46], 찌르레기[47], 숲비둘기[48], 까치, 굴뚝새[49]…

항상 보이지는 않아도 종종 나타나는 친구들도 있었다.

오목눈이[50]

유라시아청딱다구리[51]. 딱 한 번, 잔디밭 한가운데서 발견!

흰눈썹낭모솔새[52]

오색딱다구리[53]

이웃집 나무의 죽은 가지에 앉아 있었다.

그러나 등수를 매겨야 한다면, 이 보석 데트기보다 높은 순위를 차지할 내가 있다.
지금까지의 탐조 생활 중 가장 행복했던 순간을 골라야 한다면 나는 한 치의 망설임도 없이
정원 나무에서 먼쟁이새[66] 한 쌍을 발견했을 때를 고를 것이다!

(어쩌면 이 친구를 내 눈으로 직접 본 건 그때가 처음이었기 때문에 기억에 남은 걸지도…
어릴 적 내 침대 위에는 커다란 먼쟁이새 포스터가 붙어 있었다.)

아주 부드러운, 속삭이는 듯한 노래

흠… 여기는 다 좋은데 딱 하나가 아쉽단 말이야. 지빠귀[67]가 한 마리도 안 보여…

지빠귀가 먹을 만한 것이 부족한 건도 아니다! 비가 한껏 내리고 난 후에 발 밑에서 달팽이들이 바스러지는 걸 보고 싶지 않다면 발걸음을 내딛을 때마다 땅을 잘 살펴야 한다.

붓꽃을 엄청 좋아하네. 아칸투스[68]도!

62, 63, 64…

22!

이렇게 양동이에 담은 달팽이들은 자전거로 페달 몇 번만 밟으면 도달할 수 있는 곳에 풀어둔다.

달팽이와 그 친척들을 우리 집에서 추방하려는 건 아니다. 하지만 녀석들의 왕성한 개체수 증가를 막을 지빠귀와 같은 천적이 없는 이상 어쩔 수 없다. 우리는 그저 바질을 집 안에 하룻밤 이상 보관하고 싶을 뿐이고, 그렇게 다음 날까지 샐러드를 먹고 싶을 뿐이다.

아무래도 이웃집에서는 달팽이 약을 뿌리는 것 같다. 그래, 샐러드를 먹고 싶지 않은 사람이 어디 있겠는가. 하지만 우리는 민달팽이와 달팽이를 독살하는 과정에서 그 녀석들을 섭취하는 동물까지도 죽인다는 사실을 잊고는 한다. 유감스럽지 않을 수 없다…

지빠귀가 없는 대신, 우리에게는 연체동물 미식가 역할을 담당해줄 고슴도치가 있었다.

아주 신중한 동물이다. 정원에서 고슴도치를 본 횟수도 손에 꼽을 정도다.

게다가 마지막으로 본 지가 몇 년이나 되었다. 부디 사람들이 이 녀석까지 독살하지는 않았기를 바라지만, 자꾸 최악의 상황을 상상하게 된다.

내가 정원에서 마지막으로 본 고슴도치다. (도대체 언제 죽은 걸까?)

그 전 마지막 고슴도치는 이웃들이 나뭇가지 더미를 흐트러뜨리는 바람에 떠나버렸다. 그 안에 살던 고슴도치는 내게 두 마리를 놔두고 도망쳐나와야 했다…

나 살려라! 늙은이 먼저!

하지만 우리 집에서 가장 경이로운 회양목은 엄밀하게 말하자면 우리 건이 아니다. 반쯤은 우리 집에 걸쳐 있지만…

비범한 나무 살리기 대작전!

뭐가 그리 비범하냐고? 난 이런 회양목이 흔치는 않다고 생각한다.

바닥에서 잰 줄기 지름: 35센티미터
둘레: 115센티미터
높이: 5미터 이상

이 나무는 분명히 몇 세기 동안 살았을 거다. 200살? 300살?
아니면 400살쯤이려나?
여기서 20킬로미터 떨어진 곳에는 이보다 가는 회양목이
있는데, 그 나무가 무려 440살이라고 한다.
그런데도 어떤 멍청하고 작은 나방이 이 친구의 목숨을
끝도록 내버려 두겠다고? 그럴 수는 없지!*
먼저 이웃에게 이 사실을 알린다.

어머! 어떻게 그런 끔찍한 일이...

나는 나방이 나타날 때마다 매번 이웃에게 말하는데, 그러면 그분이 정원사를 불러 처리한다. 그리고 나는 내 쪽을 관리한다.

가지에 기대어 놓은 사다리 →

사다리를 가능한 한 수직에 가깝게 놓기 때문에 나뭇가지를 부러뜨리는 일은 없지만, 왠지 곡예를 부리는 듯한 기분이다.

강경한 방법으로 이 문제를 해결한 사람들도 많다.

다른 이웃

아, 제가 직접 관리할 수 있는 거였나요? 저도 미리 알았으면 전부 뽑아버리지 않았죠... 게다가 아주 멋있는 나무였는데!

또 다른 집

아이고, 저건 회생 못 하겠네!

* 명나방 애벌레는 자신의 숙주가 죽든지 말든지, 조금도 주저하지 않고 잎을 떨어뜨려 버린다.

다행히 나비목에 심술쟁이 동생같은 친구들만 있는 건 아니다.
나는 이 친구들을 가만히 바라보고 있는 것이 참 좋다…

Aglais urticae

Papilio machaon
산호랑나비

쐐기풀나비

붉은제독나비[77]
Vanessa atalanta

작은
멋쟁이나비

Cynthia cardui[78]

산네발나비,
악마 로베르[79]
Polygonia c-album

이 녀석은 특히 마음에 든다!
(불타는 듯한 색, 괴상한 이름,
독특한 날개선…)

그을린 나비[80]

뱀눈나비[81]

Pararge aegeria[82]

Iphiclides podalirius

내가 부들레야 덤불을 좋아하게 된 데에는 다 이유가
있다. 부들레야가 그냥 나비나무라고 불리게 된 건
아니니까!

이봐!

공작나비 얘기를 할 거면, 이제 내가 등장할 때가 되지 않았나?

큰황제나방
Saturnia pyri

그러려고 했어!

애벌레가 무려 12센티미터다! 이 친구가 집에 들어오면, 못 알아챌 누가 없다.

신사 숙녀 여러분, 한밤의 거대한 공작새[84]를 소개합니다! 유럽에서 가장 큰 야행성 나방이랍니다!

딱 한 번 우리 집에 이 밤의 손님이 방문하는 영예가 주어진 적이 있다.
이런 영광을 누리려면 두 가지를 명심해야 한다.
나방을 존중한다면 애벌레 또한 존중해야 한다는 것(그게 논리적이다),
그리고 이 원칙은 정원의 나무와 풀을 뜯어먹는 그들의 공격적인 성향에도 불구하고
예외적으로 지켜져야 한다는 것.

어쨌거나 나는 줄홍색박각시[85] 애벌레가 우리 정원에서 라일락을 갉아먹는 것을 볼 때면 정말 행복해진다!

우와!

꿀꺽 꿀꺽

기쁨과 감동을 선사하는 황혼의 손님.

저 무늬! 저 곡선! 우아한 몸체! 어찌나 아름다운지…

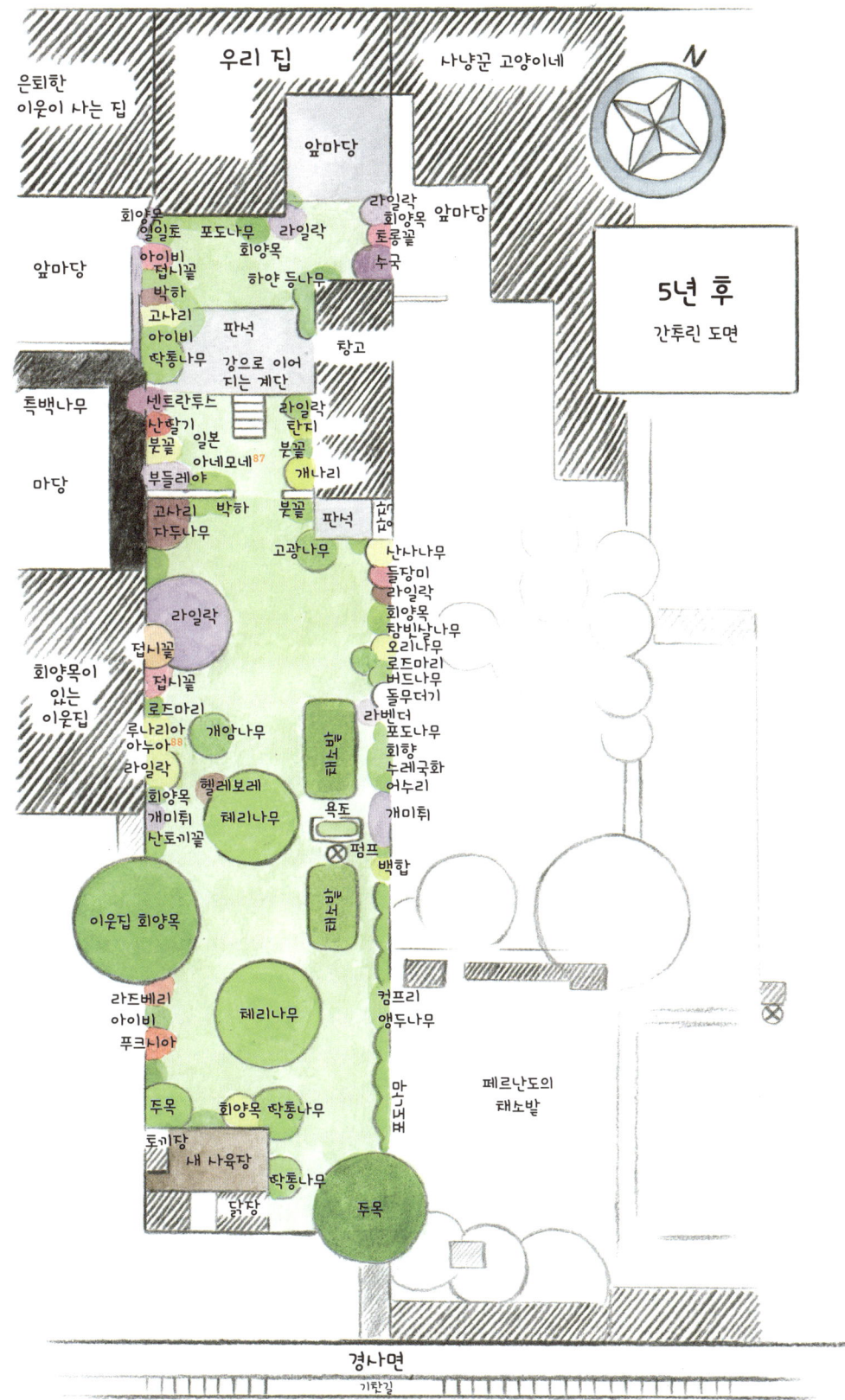

아무런 갈등 없이 우리는 이 기회에 몸을 내던졌다!
그렇게 몇 달 뒤…

밭은 너무 넓고, 퇴비로 쓸 거리는 항상 부족한 걸 어쩌겠는가! 쓰레기장에는 분해되는 쓰레기 전용 통이 있다… 참 슬픈 낭비 아닌가!
(물론 네모반듯한 툭백나무[89]를 좋아하는 사람들에게는 이 통의 존재가 완벽히 합리화되겠지만…)

이렇다 보니 소식을 들은 친구들은 낙엽을 주러 오기도 한다.

• 우리 쪽은 그냥 내가 다른다. 옆집이 정원사를 부를 때까지 기다리는 것도 일이다.

환경미화원을 마주칠 때면…

땅을 비옥하게 하기 위해서라면 불이라도 지르겠지만, 채소밭 뒤 정원은 불도 안 붙는 황무지인걸…

사실 이 땅은 오래전에 헌병대 숙소로 쓰이던 아파트 다섯 동에 딸린 공용 정원이다. 문제는 그곳 입주민 등 누구도 정원을 사용하려 하지 않는다는 점이다. 감자 한두 줄이라도 심거나 캠핑의자에서 쉬는 용도로도! 단 한 명도!

• 독자 여러분, 혹시 넓은 정원이 딸린 작은 아파트를 찾고 있진 않나요?

그래도 이 땅 덕분에 굉장한 도구를 사용해볼 수 있었다. 그건 우리가 정착한 처음 남 년간 알고 지낸 이웃이 선물한 낫이었다. 굉장한 도구였고, 그걸 덮던 친구도 이보다 더하면 더했지 덜 훌륭하지는 않은 이였다.

길을 잃은 것이 명백해 보이던 노루. 어쩌다 보니 우리 정원에까지 흘러들어와 헤매고 있었다!

모든 사람에겐 각자의 결점이 있다. 내 경우에 그것은 무언이든 분류해서 목록화한다는 것이다.

이 친구는 정원 기네스북의 '커다란 동물' 파트에서 오랫동안 왕좌를 타지하겠군!

유럽노루[95]가 정원에 오다니! 말도 안 돼!

물론 딱 8초 동안이었지만. 그래도!

나는 여전히 짚더미 만드는 걸 좋아한다. 작은 친구들을 위한 것이라면 더더욱…

고양이의 영향력을 조금이나마 상쇄시키기 위해 (아니면 양심의 가책을 덜기 위해?)
새집을 좀 뚝딱여놓았다.

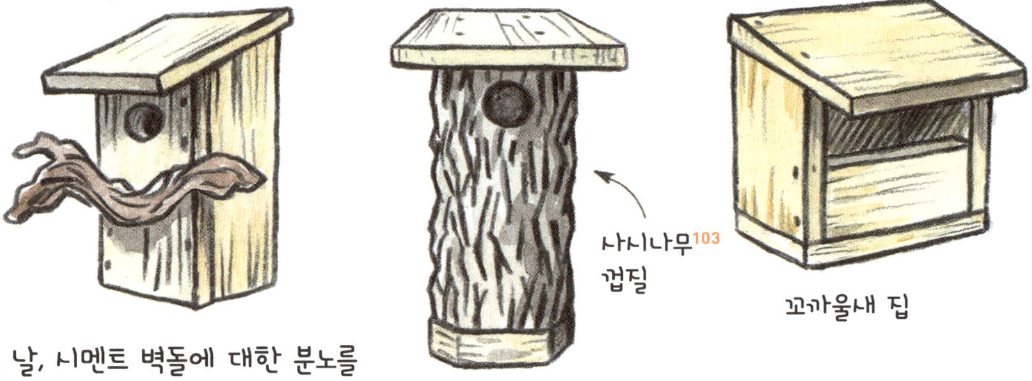

사시나무[103] 껍질

꼬까울새 집

그러던 어느 날, 시멘트 벽돌에 대한 분노를 해소할 수 있는 방법이 떠올랐다.

잠시만...

이얍!
망치질 한 방이면 내집이 생기는구만!

회색질 세포 같아!

와작!

망치 머리도 딱 박새 하나 들어갈 크기고!

시멘트 벽돌은 맹하게 생긴 만큼이나 속이 텅 비어 있다.

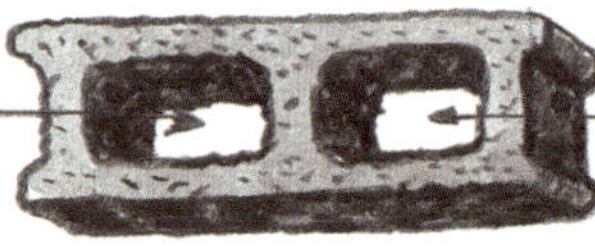

텅 빈 ← → 공간

나는 아이비가 우리 집과 이웃집 사이를 나누는 멍청한 시멘트 담장을 밀고 올라가게 내버려두고 있었다.
(담을 쓰러뜨릴 수 있으면 좋을 텐데!)
거기에 새집을 숨기면?
결과는...

성공!

2미터 높이의 시멘트 담장은 오래된 돌담 위에 쌓아올린 것이다.

다들 시멘트 담장을 이렇게 사용한다면 어떨까?
그러면 아무리 꼴보기 싫은 회색 담장이라도 조금은 납득할 수 있을 것 같다.

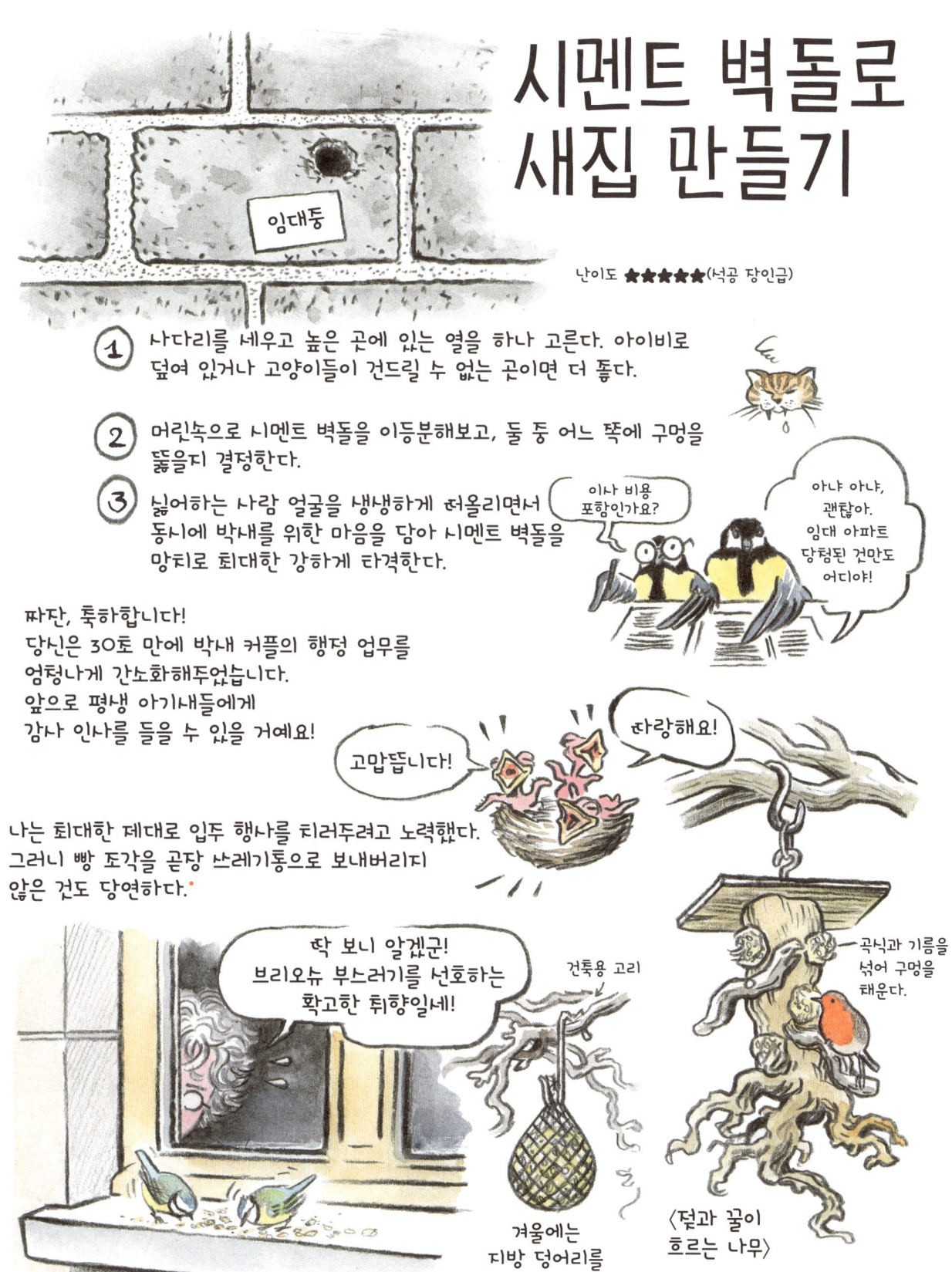

겨울을 앞두고 어떤 사람들은 곤충 겨울나기 집을 만들거나 산다. 나는 한 번도 그런 걸 설치하지 않았다. 우리가 정원 구석구석에 방치해두는 갖가지 물건들을 생각하면 따로 무언가를 짓지 않아도 온갖 절지동물들이 편할 대로 들어와 은신처를 찾을 수 있으리라 믿는다.

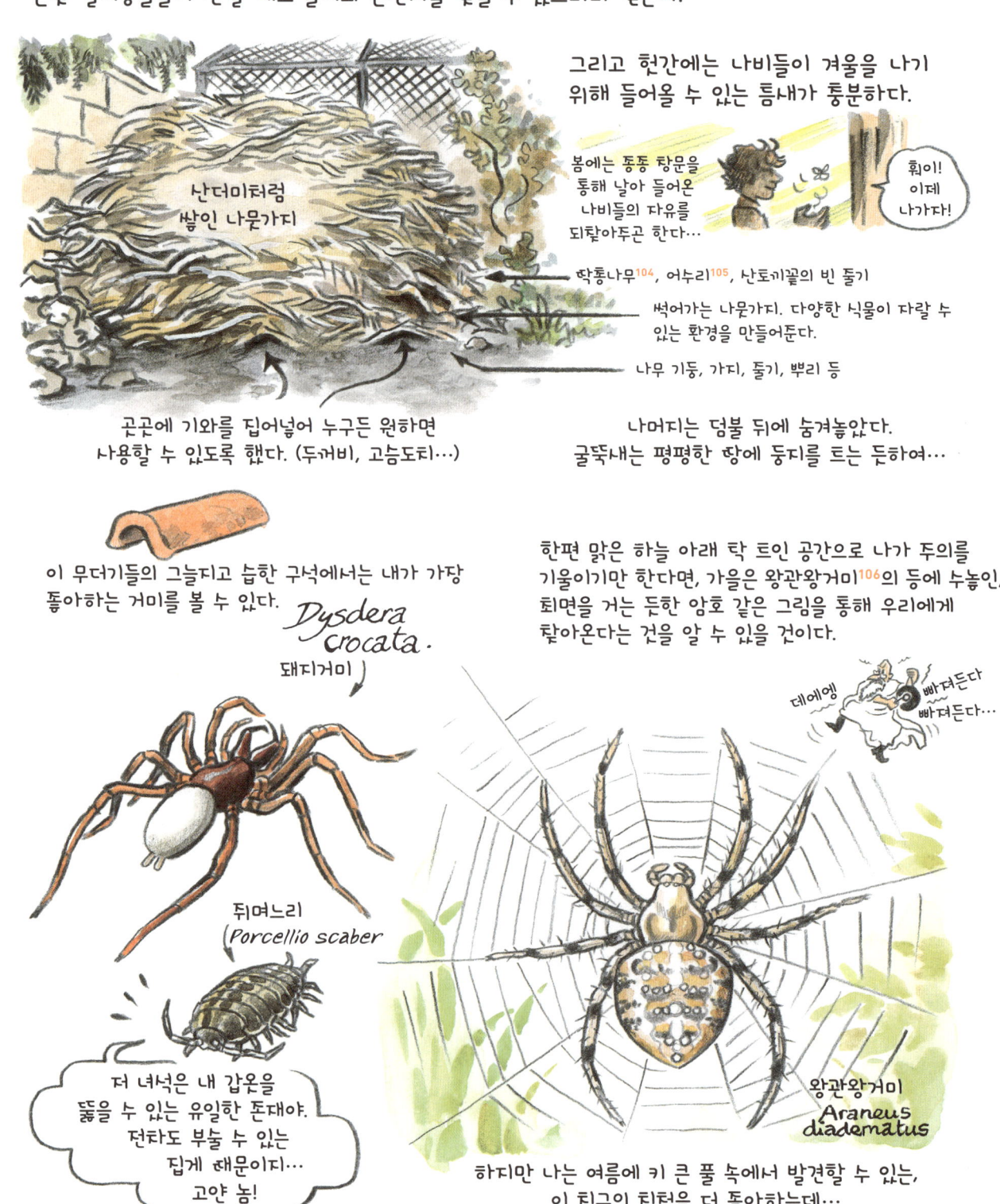

난더미처럼 쌓인 나뭇가지

곳곳에 기와를 집어넣어 누구든 원하면 사용할 수 있도록 했다. (두꺼비, 고슴도치…)

이 무더기들의 그늘지고 습한 구석에서는 내가 가장 좋아하는 거미를 볼 수 있다.

Dysdera crocata.
돼지거미

뒤며느리
Porcellio scaber

저 녀석은 내 갑옷을 뚫을 수 있는 유일한 놈대야. 전차도 부술 수 있는 집게 때문이지… 고얀 놈!

그리고 헛간에는 나비들이 겨울을 나기 위해 들어올 수 있는 틈새가 충분하다.

봄에는 종종 창문을 통해 날아 들어온 나비들의 자유를 되찾아주곤 한다…

훠이! 이제 나가자!

학동나무[104], 어수리[105], 산토끼꽃의 빈 줄기

썩어가는 나뭇가지. 다양한 식물이 자랄 수 있는 환경을 만들어준다.

나무 기둥, 가지, 줄기, 뿌리 등

나머지는 덤불 뒤에 숨겨놓았다. 굴뚝새는 평평한 땅에 둥지를 트는 듯하여…

한편 맑은 하늘 아래 탁 트인 공간으로 나가 주의를 기울이기만 한다면, 가을은 왕관왕거미[106]의 등에 누놓인, 퇴면을 거는 듯한 암호 같은 그림을 통해 우리에게 찾아온다는 것을 알 수 있을 것이다.

데에엥 빠져든다 빠져든다…

왕관왕거미
Araneus diadematus

하지만 나는 여름에 키 큰 풀 속에서 발견할 수 있는, 이 친구의 뒤척을 더 좋아하는데…

… 그건 바로 아름다운 긴호랑거미!

긴호랑거미
Argiope bruennichi

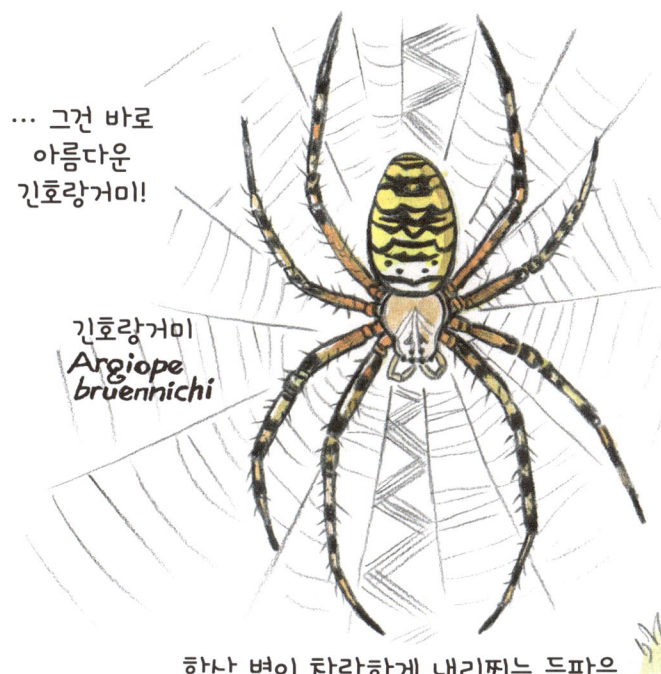

줄무늬는 실패하지 않는다!

이 친구들은 우리가 정원에 새 생명을 준 이후부터 종종 나타나는데…

항상 볕이 찬란하게 내리쬐는 들판을 떠올리게 한다. 이런 손님이 우리 집에 오시다니, 이런 영광이 있나!

나는 민첩한 서성거미[107]와 녀석이 취하는 기묘한 자세를 좋아하고…

거대한 알주머니를 달고 달리는 모습도 좋아한다!

이 둘은 어느 화창한 날 갑자기 나타났다. 어디서 온 걸까? 이곳에 와야겠다는 생각은 어떻게 하게 되었을까? 땅을 가꾸면 거기에 맞춰 생태계가 새로 태어나는 것만 같다!

메뚜기의 등장도 비슷했다. (긴호랑거미가 정착한 건 분명 이 때문일 것이다.)

각각의 생태 환경이 자기에게 맞는 생물들을 끌어들이는 모습을 보는 건 언제나 흥미롭다.

뭐, 우리 채소밭을 모범답안 같은 밭 옆에 놓고 비교하자면 비웃을 사람이 한둘이 아니겠지만…

하하하!

빠아아앙!

그럼 어때?
우리 최선을 다해 시간을 쏟고 있는걸.
우리가 아직 은퇴한 것도 아니고…
그리고 아무리 난장판이라 해도, 아무도 우리가
여기서 나는 딸기랑 토마토를 먹는 걸 막을 순 없다고!

한구석에는 꺾꽂이 식물을 모아두었고…

자연적으로 자란 나무싹을
모아 심어둔 것도 몇 둘 있다.

뽑아서 버릴 수도 있다.
그런데 그러면,
그다음에는?

무화과나무
(휘묻이요)

용버들

개나리

장미

라벤더

회양목

로즈마리

주목

라일락

월계수

가장 어려운 일은 새싹에 힘이 생긴 후에
묘목을 가져갈 사람을 찾는 것이다.

자연은 그 혼잡함 속에서 행복해한다.
그것은 자연의 본성이고, 우리가 손을 댈 수 있는 영역이 아니다.
하지만 사람들은 모든 건 걸레질할 수 있어야 하고,
청결하게 유지되어야 하고, 위생적이어야만 한다고 믿는다.
생명은 관상용 도자기가 아니다. 생명은 더럽다.
우리가 허락하기만 한다면 생명은 온갖 곳에 오물을 남길 것이다.
그렇기에 인간은 생명과 거리를 유지하려 하는 것이다…

자연은 공허를 혐오한다.
나도 그렇다.

황무지에서 찾아낸
거대한 도마뱀
(서부푸른도마뱀[114]?)

우리 채소밭에서 항라사마귀[115]와 긴날개동베짱이[116]와 들판귀뚜라미[117]를
볼 수 있다니 얼마나 선물 같은 일인가!

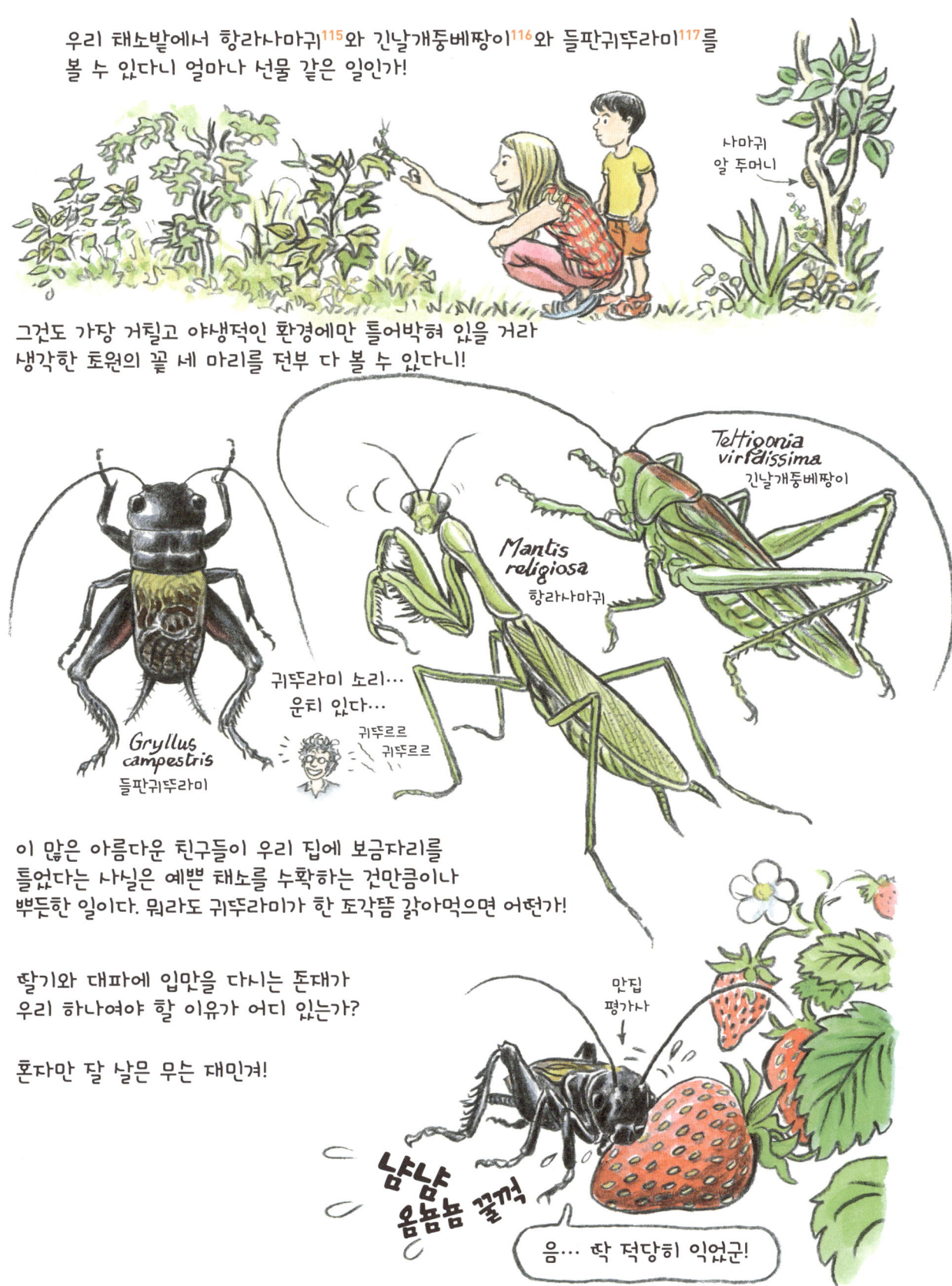

그것도 가장 거칠고 야생적인 환경에만 틀어박혀 있을 거라
생각한 초원의 꽃 세 마리를 전부 다 볼 수 있다니!

이 많은 아름다운 친구들이 우리 집에 보금자리를
틀었다는 사실은 예쁜 채소를 수확하는 것만큼이나
뿌듯한 일이다. 뭐라도 귀뚜라미가 한 조각쯤 갉아먹으면 어떤가!

딸기와 대파에 입맛을 다시는 존대가
우리 하나여야 할 이유가 어디 있는가?

혼자만 잘 살믄 무슨 재민겨!

날아 숨 쉬는 정원에선 지루해질 틈이 없다.
곤충들만 살펴보더라도 흥미로운 녀석들을 끊임없이 찾을 수 있다.
그 예시로 곤충 중에서도 가장 못생긴 집단인, 파리와 모기와 등에가 속해 있는 파리목을 보여주겠다.
거기에서도 깜짝 놀랄 만큼 화려하고 독특한 친구들을 발견할 수 있다.

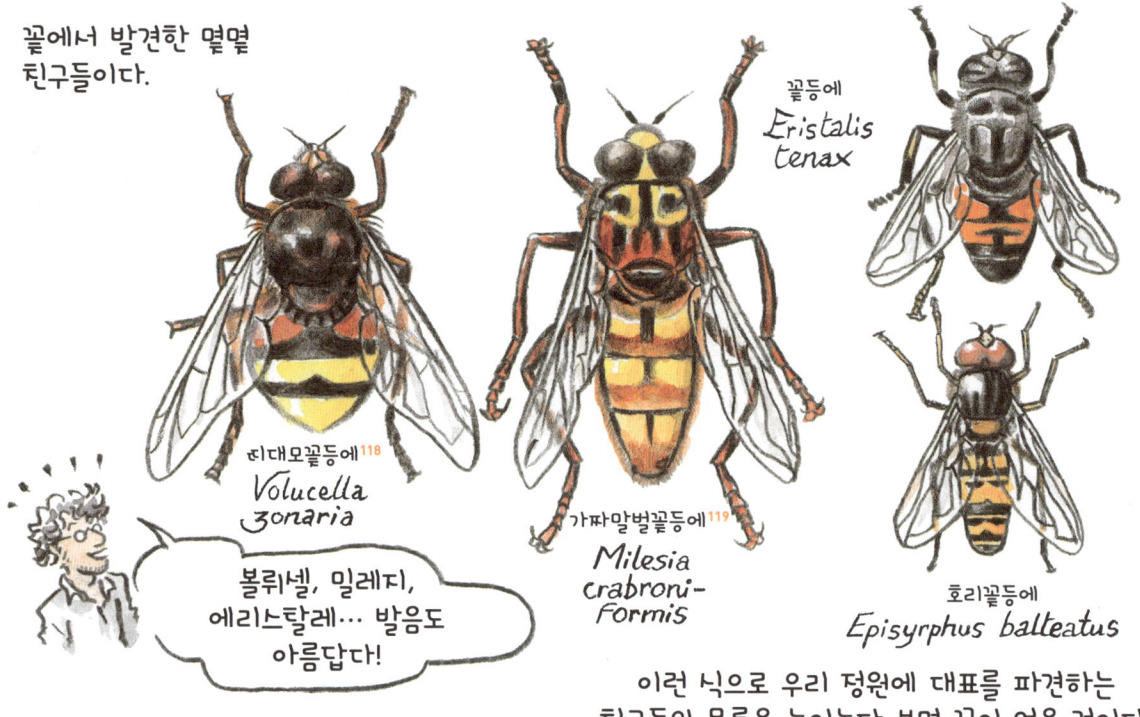

꽃에서 발견한 몇몇 친구들이다.

띠대모꽃등에[118] *Volucella zonaria*

가짜말벌꽃등에[119] *Milesia crabroniformis*

꽃등에 *Eristalis tenax*

호리꽃등에 *Episyrphus balteatus*

볼뤼셀, 밀레지, 에리스탈레… 발음도 아름답다!

이런 식으로 우리 정원에 대표를 파견하는 친구들의 목록을 늘어놓다 보면 끝이 없을 것이다.

노린재는 어떠냐고? 두말할 것 없이 녀석들도 관심을 기울여 살펴볼 가치가 있다!

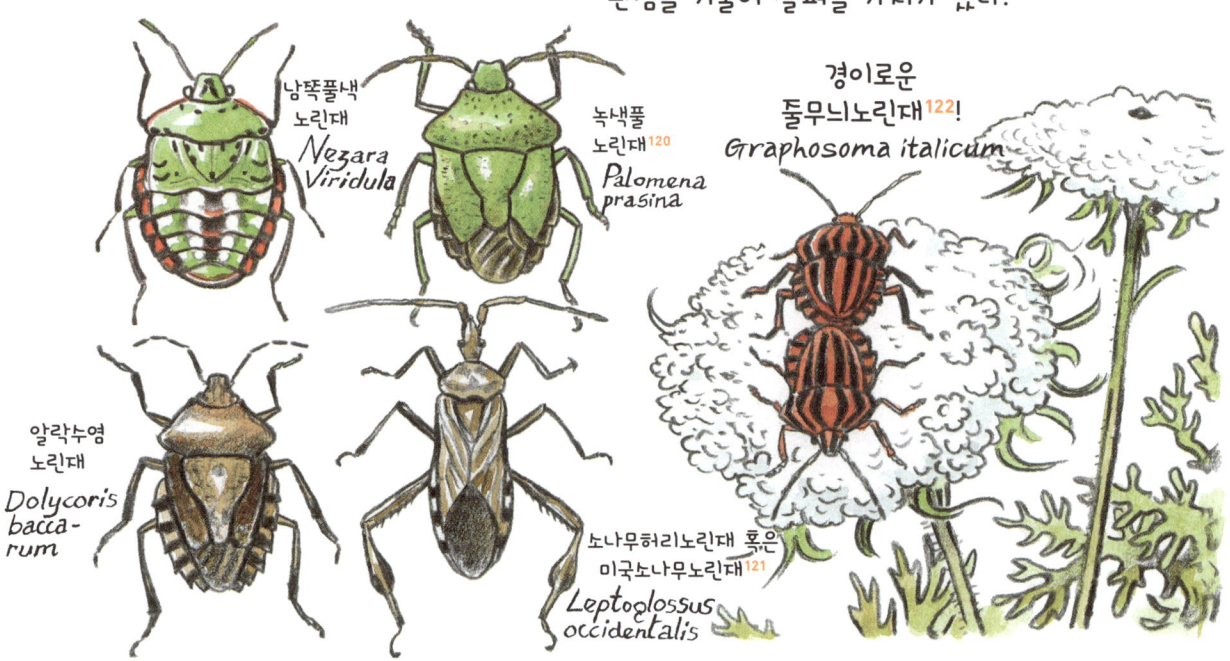

남쪽풀색노린재 *Nezara viridula*

녹색풀노린재[120] *Palomena prasina*

경이로운 줄무늬노린재[122]! *Graphosoma italicum*

알락수염노린재 *Dolycoris baccarum*

노나무허리노린재 혹은 미국노나무노린재[121] *Leptoglossus occidentalis*

94

그날을 시작으로 녀석들은 매년 돌아왔다. 우리는 나무에 붙어 있는 매미를 찾으며 즐거운 시간을 보내곤 했다. 하지만 가장 우스꽝스러운 광경은 새들이 매미를 뚫으며 추격전을 벌일 때 펼쳐졌다.

우우우웅 부르르르르 "내 거야!!" 우우우웅
슈우우욱
엄청 날카로운 부리   매섭게 날아가는 덩어리
조금 오만한 학내 (성공한 적도 한 번 있긴 있다. 매미의 두 눈 사이를 부리로 쪼아 구멍을 뚫었다.)

우리가 마침내 녀석을 아주 가까이에서 볼 수 있게 되었을 때…

"우와아! 예쁘다!!" "봐봐!"

하지만 우리 정원의 믿기지 않는 명물이 매미 하나만 있는 건 아니었다.

있는 줄은 알았지만 만날 수 있을 거라고는 전혀 예상하지 못했던 곤충도 있다. 이를테면…

대벌레

어릴 때 나는 온갖 이국적인 동물들을 테라리엄에서 키웠다. 꽤 굉장한 녀석들도 있었다.

집가게거미[125] 한 마리도 키웠다.

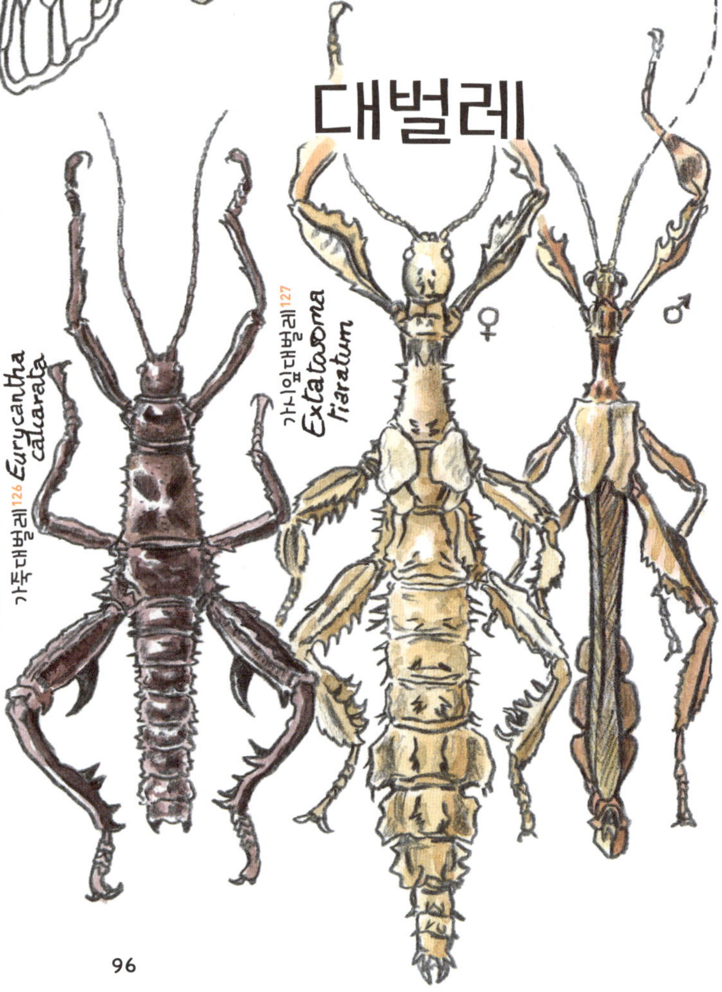

가둑대벌레[126] *Eurycantha calcarata*

가시잎대벌레[127] *Extatosoma tiaratum* ♀ ♂

20세기 농업이 분노에 가득 차 DDT와 여타의 살충제를 대량 살포하며 화학적 광란의 축제를 벌인 후에, 다른 동들과 더불어 보통왕풍뎅이[130]는 거의 사라졌다. 100년 전에는 지나치다고 할 정도로 넘쳐났지만 21세기가 되면서 어찌나 희귀해졌는지 내 20년간의 산책·나들이·등산을 아울러 한 마리도 본 적이 없었다. 항상 주의를 기울여 살펴봤는데도 말이다!

나는 녀석의 작은 사촌인 흔히 볼 수 있는 냉Saint 장Jean풍뎅이[131]는 익히 알고 있었다.

얘도 돌지. 하지만 이미 천 번은 봤는걸!

하지만 **진짜** 풍뎅이를 만나려면…

제대로 된 정원 하나를 가꾸는 노력을 들여야만 했던 것이다!

20세기가 비밀처럼 숨겨놓고 있는 잊혀진 학살 중 하나지…

매년 녀석은 우리의 커다란 라일락 덤불 밑에서 솟아오르고, 오월의 하루가 저물 무렵 달콤한 황혼 녹에서 윙윙거린다.

Amphimallon solstitialis
냉장풍뎅이

Melolontha melolontha
보통왕풍뎅이

위이이잉

여기! 또 다른 애다!

진짜!

위이잉

나도 봐!

위잉

시간이 흐르면서 정원 방명록도 가득 채워져간다…
우리 집에서 만난 유명한 딱정벌레 중에서도 가장 최고만 뽑은 짧은 목록

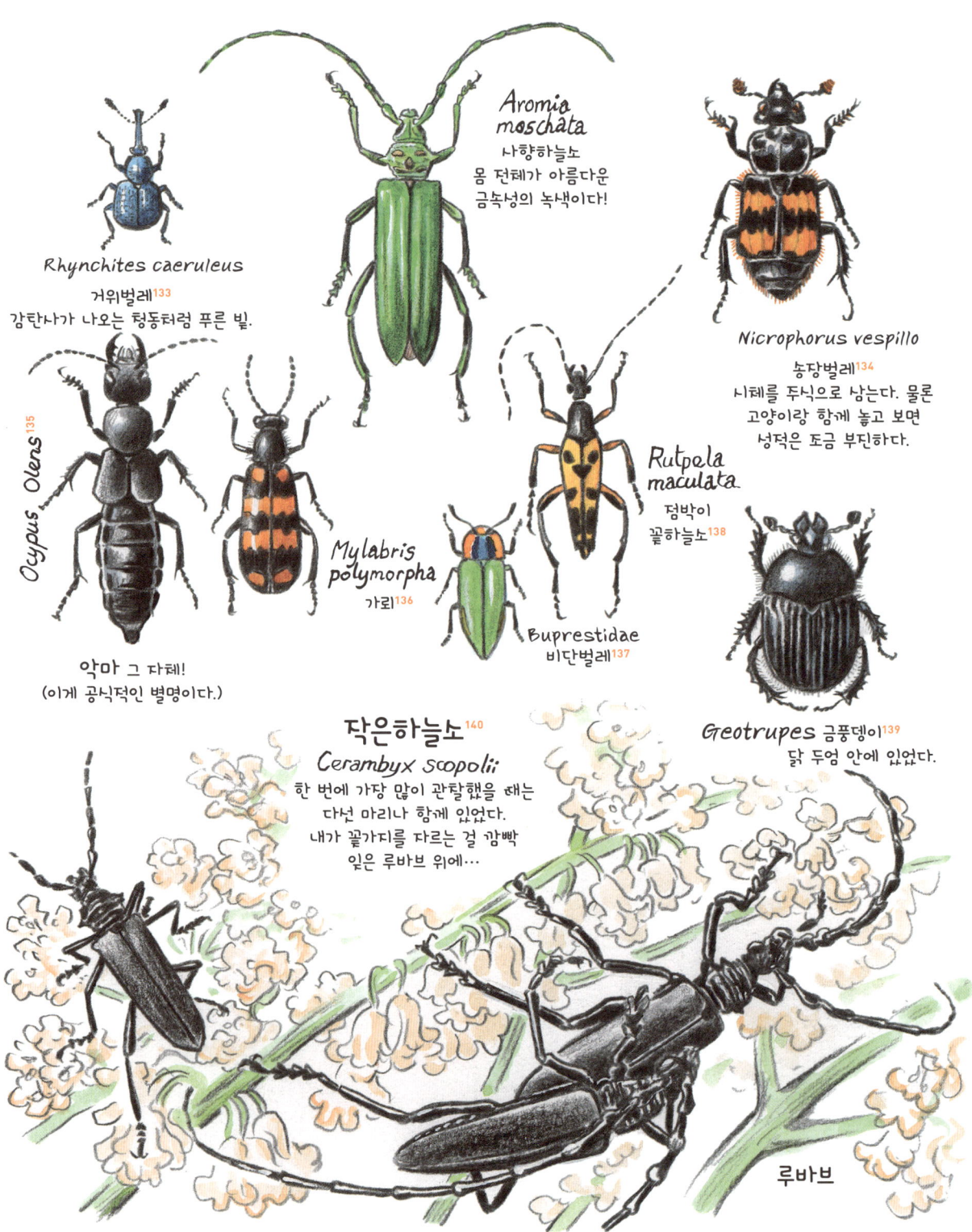

Rhynchites caeruleus
거위벌레[133]
감탄사가 나오는 청동처럼 푸른 빛.

Aromia moschata
사향하늘소
몸 전체가 아름다운 금녹색의 녹색이다!

Nicrophorus vespillo
송장벌레[134]
시체를 주식으로 삼는다. 물론 고양이랑 함께 놓고 보면 성적은 조금 부진하다.

Ocypus olens[135]
악마 그 자체!
(이게 공식적인 별명이다.)

Mylabris polymorpha
가뢰[136]

Buprestidae
비단벌레[137]

Rutpela maculata
점박이 꽃하늘소[138]

작은하늘소[140]
Cerambyx scopolii
한 번에 가장 많이 관찰했을 때는 다섯 마리나 함께 있었다. 내가 꽃가지를 자르는 걸 깜빡 잊은 루바브 위에…

Geotrupes 금풍뎅이[139]
닭 두엄 안에 있었다.

루바브

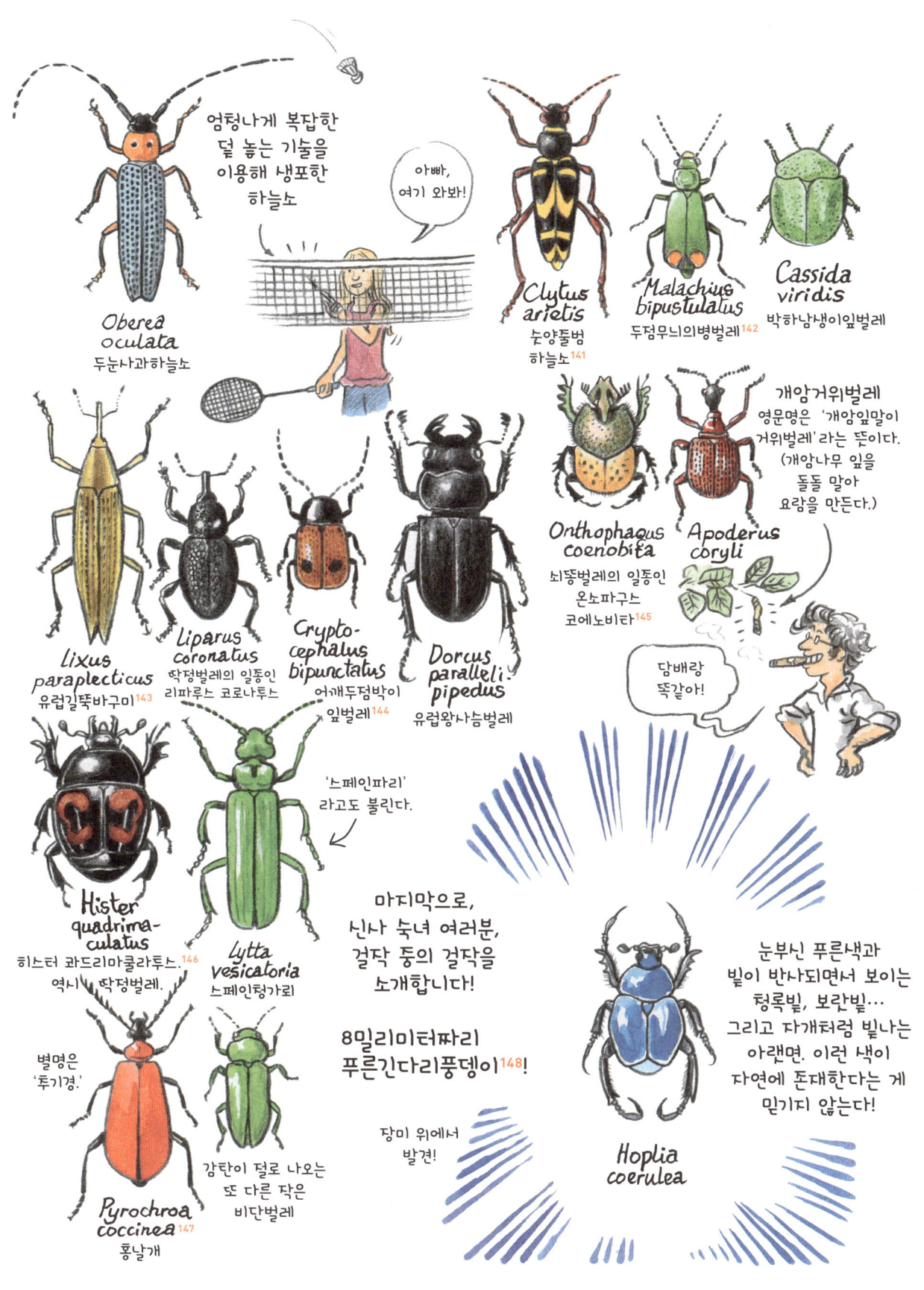

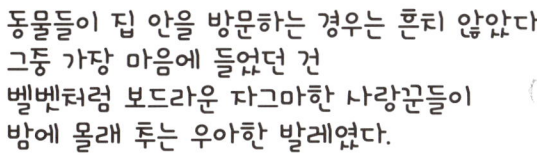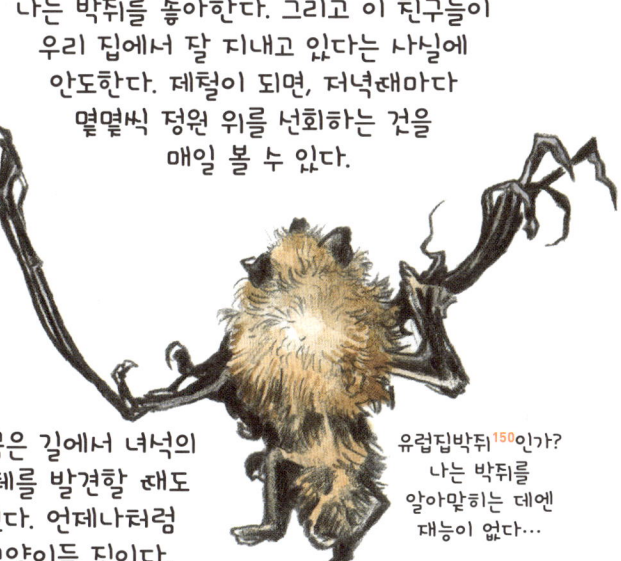

전 세계 온갖 곳에서 양서류가 심각한 위기에 처해 있거나 심지어 이미 멸종하고 있다는 말을 읽고 들은 덕분에, 우리는 우리의 소박한 자리에서나마 자그마한 도움의 손길을 내어줄 수 있을 거라 생각했고, 정원 한구석을 개구리 보호에 바치기로 했다.

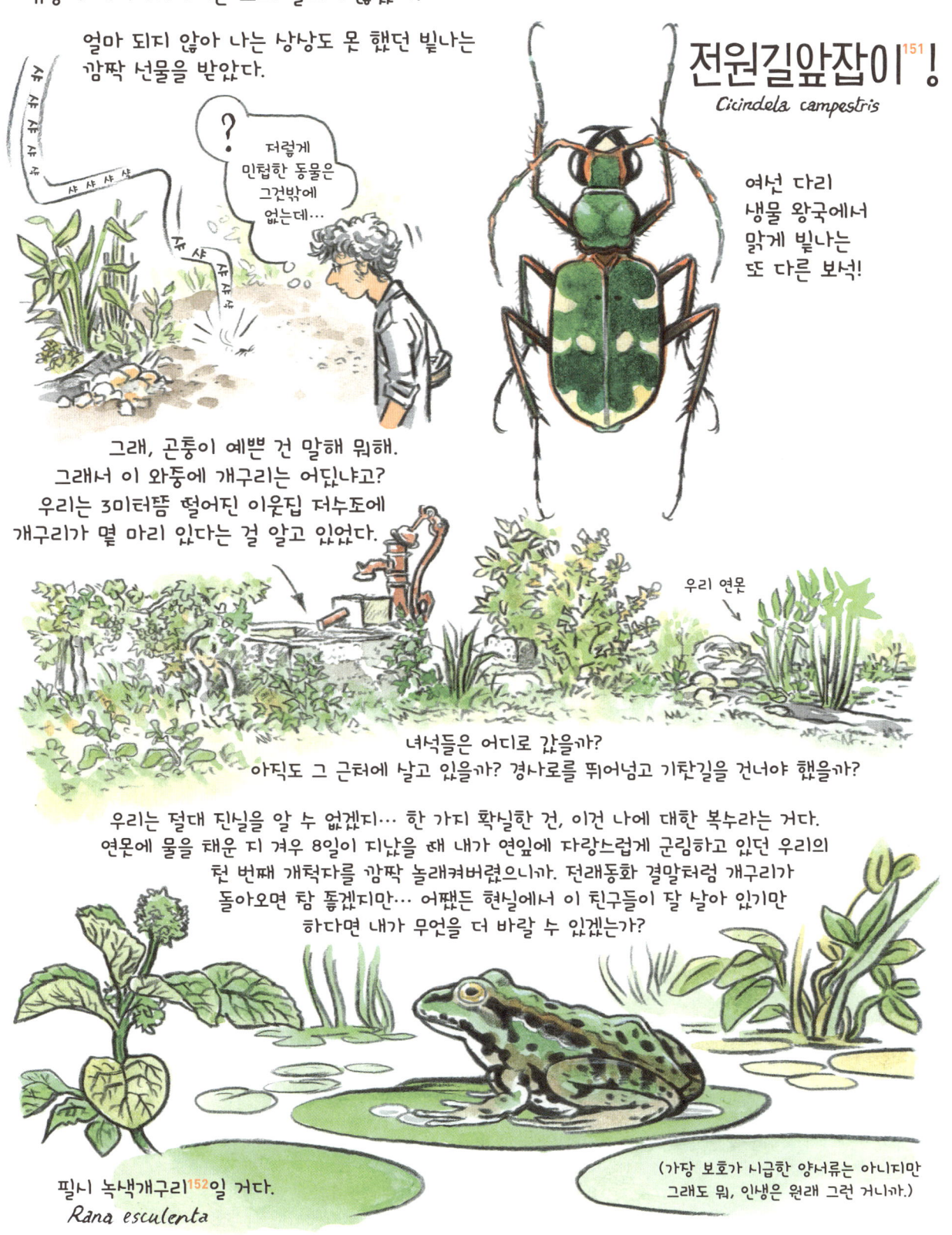

그런데 그로부터 얼마 되지 않아 개구리가 끊임없이 유입되기 시작했다.
우리는 금방 두 마리, 그다음에는 네 마리를 보기 시작했다.
그다음에 녀석들은 노래를 불렀고, 알 덩어리가 나타났고, 그다음은 올챙이였다…

마지막으로,
자그마한 개구리들이 새로 나타났다.

유럽다라풀

이제는 우리가 연못가를
지날 때마다 이어지는
'텀벙' 소리가 들린다.

그리고 녀석들 외에도 이곳을 날기 괜찮다고 여긴 이들이 있는데…

연못에서 수영하는 모습이 포착된 모든 곤충의 표본

이 아름다운 친구들은 모두 어떻게 왔냐고? 당연히 날아서지!

Gerris Lacustris
참노소금쟁이

Notonecta glauca
청회색 송장헤엄치게[153]

고랑물방개[154]
Acilius sulcatus
♂ ♀

배물방개붙이!
Dytiscus marginalis

이 인상적인 수영선수들을
우리 물에서 발견하는 건
굉장한 기쁨이었다.

배물방개붙이
유충

갈색물땡땡이[155]
Hydrophilus piceus

무려 5센티미터!
유럽에서 가장
큰 딱정벌레 중
하나다!

110

이게 다가 아니다. 보이지 않는 곳에도 온갖 생물이 있는데 우리가 잘 알지 못하는 생물도 있고, 전혀 모르는 생물도 있다.

사실 생명의 원리는 간단하다.
기본적인 틀만 제공해도 충분히 생명을 되살릴 수 있다.

연못에서의 이야기는 이대로 끝나지 않는다.

이 손님도 연못에 이끌려 온 걸까?

연못은 현관에서 몇 미터 떨어진 곳에 있다.

!

점잖고 위엄 있는
초록노랑실뱀[156]
Coluber viridiflavus

그리고 이 방문객도…?

부스럭
부스럭
?

우와! 이렇게 큰 두꺼비는 처음 봤어!!

연못에 곧 두꺼비 알도 생기려나?

사람들은 연못을 만들면 모기만 우글거릴 거라고 했다. 지금 그곳에 모인 포식자의 수를 생각하면, 이곳에 오는 모기들은 아주 후한 대접을 받을 게 분명하다!

모든 것들이 자연스럽게 녹아들고 스스로 균형을 찾아가는 과정을 보면 한시도 지루해지지 않는다. 나는 만약 개구리 개체 수가 폭발적으로 증가한다면 왜가리나 지나가던 뱀이 우리를 위해 상황을 정돈해 줄 거라는 사실을 단 한 순간도 의심하지 않는다. 나는 개인 정원이라는 나의 영역, 그리고 스스로를 즐거운 마음으로 스스럼없이 이 정원에 초대하는 야생의 불확실한 흐름 사이에 존재하는 이 경이로운 스며듦의 공간에서, 내가 차지하고 있는 관찰자이자 행동가로서의 자리가 좋다.

"나는 온갖 곳에 나 스스로를 초대하고 대접하지!"

홀로 찾아오고, 환경이 허락하는 만큼 밀고 나간다.

내가 정성 들여 심은 건

우리가 초대하진 않았지만, 어쨌거나 잔디밭을 점령했다.

"나는 진정 내 집에 있구나..."

"어, 나도야! 여기는 내 집이기도 해!"

"나도야! 나는 내가 원하는 대로 내가 원하는 곳에 가곤 해!"

"나도!"

"내 집은 여기고, 또 모든 곳이야!"

"여기가 내 집이야!"

하루는 집 안에 앉아있는데, 유리문 근처 앞마당에서 이 친구를 봤다.

놀라운 일은 끝이 없다. 이 다음은 무엇일까?

새로 찾은 작은 친구들 셋

번개오색나비
Apatura iris

칠월에,
땅에 떨어진
자두 위에서

분홍뒷날개나방
Catocala nupta

담벼락 위에서

터리풀 알락나방[157]
Zygaena filipendulae

채소밭에서

나에게 정원은 간섭과 방임, 길들임과 야생, 통제욕과 통제 불가능성, 인공과 자연...
그 사이에 영원히 존재하는 숙제여야 한다.
발이 두 개든지, 여섯 개든지, 여덟 개 혹은 그 이상이든지 아니면 아예 없든지,
긴털이 있든지 없든지, 털로 덮였든지 안 덮였든지 모든 존재가 만나 조화를 이루는
이 정원에서 우리는 같은 것을 소망한다. 내 집 같은 공간에서 무탈히 지내는 것...

물론 나는 별 볼 일 없는 아마추어이다
느낌만 믿고 무모하게 일을 벌인 사람일 뿐이다.
그리고 여러분 중 몇몇은 정원 가꾸기와 관련된 여러 주제들에 대해
이미 많은 정보를 가지고 있었을 것이다.

나는 절대로 전문가가 되지는 못할 거다. 이게 나쁜 일인가? 조금씩 더듬대지만 나는 내가 할 수 있는 최선을 다하고 있다. 더 좋은 정원사가 되는 길을 끊임없이 찾아가며…
한 걸음씩 앞으로 나아가고 정원은 진화한다. 이 정도만 해도 봐줄 만하지 않은가?

이 살아 숨 쉬는 정원에 어찌 흥미를 잃을 수 있겠는가? 정원을 보며 지루해지는 이가 있다면, 그건 정원을 제대로 보지 못했기 때문일 것이다. 가장 작은 정원조차 언제나 우리에게 새로운 발견거리와 마음을 사로잡는 볼거리를 끊임없이 제공해준다.

생명과 다양성을 창조하고 싶다고 해서 신이나 부자나 학자가 될 필요는 없다.
아닐, 그저 손에 흙을 조금 묻히기만 하면 되는 일이다.

나는 이 세상을 구하지는 못할 것이다.
하지만 지구 위 작은 한구석에서,
삶은 괜찮게 굴러간다.

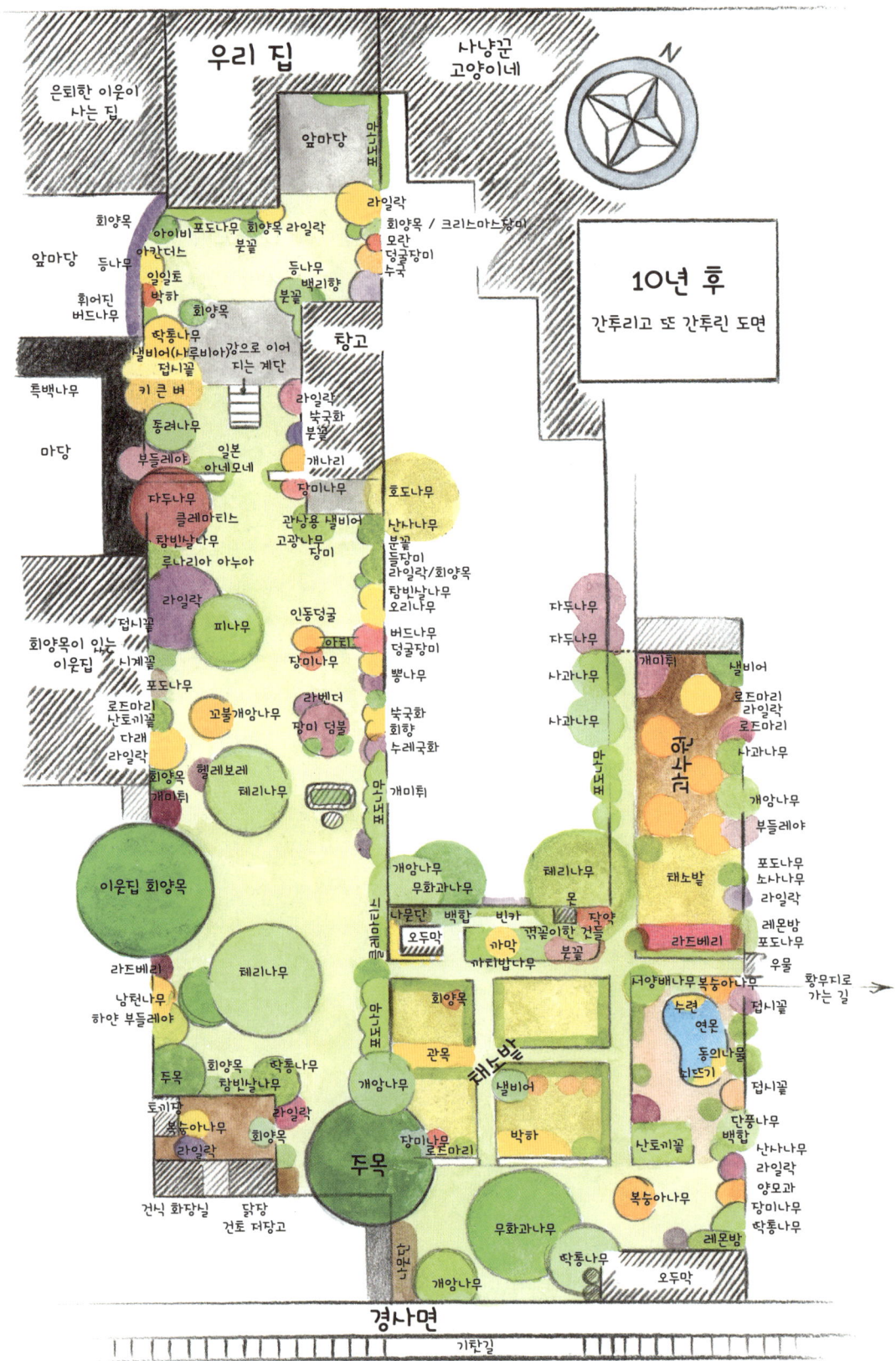

감사의 말

우리의 이웃과 친구들에게 고마움을 전한다.
프레디에게. 그의 일본 단풍나무, 품앗이, 손수레, 곡괭이 등에 대해.
이브와 루이즈에게. 이들의 메추리, 물 주러 오던 날들,
그리고 우리 닭을 보러 와준 것에 대해.
장 폴과 쥘리앵에게, 낙엽과 흙에 대해.
안 루이즈와 베르트랑에게, 대나무에 대해.
엘렌에게, 그의 아치에 대해.
므뉘에게. 그의 물수세미, 개암나무, 아티초크, 페퍼민트와 그 밖의 것들에 대해.
파비앙에게, 그의 첫 번째 닭을 우리에게 준 일에 대해.
요나스, 프레드, 그리고 질에게. 씨앗 나눔에 대해.
로르와 티트완에게, 인동꽃과 장미덤불에 대해.
앙젤과 필립에게, 다래와 주목 가지에 대해.
로자에게. 그의 시계꽃, 호박, 토끼 먹이, 복숭아 등에 대해.
오드리에게, 선사해준 말뚝에 대해.
다비드에게, 그의 오래된 파란색 사비엠에 대해.
프레드 양에게, 그의 고양이들에 대해.
어머니께, 로즈마리, 버베나, 그리고 온갖 종류의 씨앗에 대해.
크리스티안에게, 아가판서스와 튤립에 대해.
에디아에게, 우리 집 쪽에 과일을 떨구는 그의 나무들에 대해.
생태다양성을 보존하는 종자 관리 단체 비오 제름Biau Germe에게,
이들의 아름다운 씨앗들에 대해.
그리고 피에레트 라바테에게는 이 밖의 모든 것에 대해!

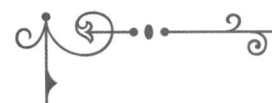

옮긴이의 말

　이야기는 텅 빈 땅에서 시작한다. 저자 시몽 위로는 축 처지고 말라비틀어진 나무 몇 그루만 덩그러니 서 있는, 생기 하나 없는 거대한 공허에 손을 대기로 결심한다. 그다음 펼쳐지는 것은 명확한 발단, 전개, 절정을 거치는 드라마틱한 서사가 아니다. 그저 끝없이 마음이 이끄는 방향을 따라 천천히 조금씩 나아가는 한 사람, 한 가족이 있을 뿐이다. 방치된 홍자단을 뽑고, 물수세미를 심고, 구덩이를 파고 또 욕조를 옮기고… 저자의 행동은 빈 곳을 채우기 위한 강박에서 비롯되는 것도, 과학과 지식에 기반한 정원을 설계하겠다는 목표의식에서 비롯되는 것도 아니다. 그는 여백을 채우는 것은 온전히 자연의 몫임을 이해하기 때문이다.

　정원사가 틀을 마련하면 자연이 그곳을 채운다. 텅 빈 것처럼 보이는 공간도 실은 절대 비어 있지 않음을 끊임없이 증명해내는 자연의 부지런한 운동을 따라, 우리는 매 쪽 눈을 즐겁게 하는 색색의 증거를 발견한다. 그렇게 십 년의 여정을 함께하고 나면 우리는 차곡차곡 더해지는 빛깔만큼이나 자연은 광대한 공백을 생명으로 가득 채움을, 그리고 언제나 채울 준비가 되어 있었음을 마음으로 이해하게 된다.

　저자의 말대로 생태계의 복원을 관찰하는 것은 "정원을 가진 이들만의 특권"이라는 의심을 품고 책장을 넘기는 독자도 분명 있을 것이다. 정원이 딸린 단란한 전원주택에서 이 책을 읽고 있는 독자가 얼마나 있을까. 또 전원생활을 하는 독자라 해도, 어찌 모두가 저자처럼 우연히 인심 좋은 이웃을 만나고, 온갖 식물을 거저 얻고, 헐값에 채소밭을 사는 일 같은 행운을 경험하겠는가. 현실적으로 이런 일을 바라긴 어려울 것이다.

그럼에도 이 책이 희망에 관한 이야기라고 할 수 있다면 무엇 때문일까. 한 뙈기 빈 땅에서부터 그 안에 숨은 자연을 이끌어내는 저자의 여정 가운데 성공을 보장하는 요소는 별로 없다. 그래도 저자는 최선을 다해 식물을 심고 연못을 만들고 동물을 키운다. 온갖 시행착오를 겪으면서도 포기하지 않고 또 다른 방법을 시도해본다. 이야기를 따라 그가 십 년간 겪은 성공과 실패를 함께 경험하면서 우리는 자그마한 믿음이 움틈을 느낀다. 비록 우리가 오늘 실패하더라도, 결국 자연은 텅 빈 틈새를 우리가 기대한 이상으로 메우고 결국 이 세계를 가득 채울 것이라는 믿음 말이다.

이 책은 우리가 모르는 사이에 자연이 텅 빈 공간을 채우는 일이 실은 기적적으로 일어나는 것이 아님을 알려준다. 저녁 어스름에 조용히 날개를 펼치는 매미를 발견하는 것, 보도블록 옆 민들레 한 송이를 알아채고 미소 짓는 것, 까치만큼이나 흔히 보이는 회갈색의 시끄러운 새가 직박구리였음을 배우고 뜨거운 길바닥에 나앉은 지렁이를 흙으로 돌려보내고 선물 받은 골칫덩어리 화분을 이번만큼은 제대로 키워보는 것. 이 모든 작은 기적의 순간들마다 우리는 이 세계가 생명으로 가득함을 깨닫는다. 이런 자그마한 우연이 차곡차곡 모여 필연이 될 때, 불신이 확신이 될 때, 우리가 사실 이 자그맣고 혼잡하며 더럽고 경이로운 지구라는 행성의 정원사임을 알게 될 것이다.

주

1. Nicolas Hulot. 환경운동가. 마크롱 정부의 환경부 장관이었다. 2018년 8월 28일 공영 라디오 방송인 프랑스 앵테르에 출연해 아무에게도 예고하지 않았던 사임 의사를 밝혔다.
2. 체리나무는 양벚나무 *Prunus avium* 라고도 부른다.
3. 주목속 *Taxus*. 프랑스 전역에 흔히 분포하는 주목은 서양주목 *Taxus baccata* 이고, 한국에 분포하는 주목은 주목 *Taxus cuspidata* 이다.
4. 장미과 섬개야광나무속 *Cotoneaster*을 흔히 부르는 말. 서유럽 전역에 걸쳐 자생하는 종은 둥근잎개야광 *Cotoneaster integerrimus* 이고, 한국의 홍자단은 *Cotoneaster horizontalis* 이다.
5. 측백나무과 눈측백속 *Thuja*을 흔히 부르는 말. 한국에 자생하는 종은 눈측백 *Thuja koraiensis*, 유럽에 흔히 분포하는 종은 서양측백 *Thuja occidentalis* 이다.
6. 높은 위치에서 돋아나는 대신 나무의 뿌리에서부터 분리되어 새로 돋아나는 가지.
7. *Cornus sanguinea*. 층층나무. 한국에 자생하는 층층나무속의 종에는 산딸나무 *Cornus kousa*, 산수유 *Cornus officinalis* 등이 있다.
8. 장미속, 개장미 *Rosa canina*. 유럽, 서아시아, 북아프리카에 서식한다.
9. 산사나무속 *Crataegus*을 흔히 부르는 말. 프랑스에는 단자산사난무 *Crataegus monogyna* 와 서양산사나무 *Crataegus laevigata* 가 흔히 자란다.
10. 부들레야속 *Buddleja*을 흔히 부르는 말. 보통 부들레야라고 하면 부들레야 다비디 *Buddleja davidii*를 가리킨다.
11. 유럽개암나무 '콘토르타' *Corylus avellana* 'Contorta'. 자연적으로 존재하는 종이나 아종은 아니지만, 유럽개암나무 *Corylus avellana*를 개량해 가지를 유난히 구불구불하도록 만든 것을 흔히 꼬불꼬불한 개암나무라는 뜻의 이름으로 부른다.
12. 붓꽃속 *Iris*을 흔히 부르는 말.
13. 물옥잠속 *Pontederia*을 흔히 부르는 말.
14. *Hedera helix*. 양담쟁이, 상록담쟁이 등으로도 불린다.
15. *Hydrocharis morsus-ranae*. 유럽 전역에 자생하는 자라풀속 *Hydrocharis*의 식물. 한국의 자라풀은 *Hydrocharis dubia* 이다.
16. 물수세미속 *Myriophyllum*을 흔히 부르는 말. 대표적인 종으로 물채송화라고도 하는 앵무새깃물수세미 *Myriophyllum*

aquaticum, 물수세미*Myriophyllum verticillatum* 등이 있다.

17. 마른 돌pierre sèche이라는 뜻으로, 석회 반죽 등의 접착제 없이 석재만을 쌓아 만든 구조물을 가리킨다. 제주도의 돌담을 생각하면 된다.

18. 고사리*Pteridium aquilinum*에는 여러 아종과 변종이 있는데, 정확히 무엇을 지칭하는지는 명확하지 않다.

19. 공작고사리속*Adiantum*을 흔히 부르는 말. 유럽과 한국에 공통적으로 서식하는 종은 봉작고사리*Adiantum capillus-veneris*이다.

20. 왕지네속*Scolopendra*을 흔히 부르는 말.

21. 쑥부지깽이속*Erysimum*, 또는 더 넓게 배추과·십자화과Brassicaceae의 식물 중 관상용의 꽃을 피우는 종을 통틀어 흔히 부르는 말. 한국의 부지깽이나물*Erysimum amurense*도 쑥부지깽이속에 속한다.

22. *Cymbalaria muralis*. 남유럽이 원산지인 꽃으로, 한국에도 귀화한 식물이다.

23. 흔히 요리용 바나나라고 불리는 식물로, 바나나처럼 생으로 먹는 대신 굽거나 튀기는 등 요리를 해서 먹는다.

24. 빈카속*Vinca*을 흔히 부르는 말. 프랑스에서 발견되는 종은 큰잎빈카*Vinca major*(남부 프랑스)와 빈카*Vinca minor*(프랑스 전역)이다.

25. 컴프리속*Symphytum*을 지칭하는 말. 보통 *Symphytum officinale*를 가리킨다. 한국에도 귀화한 식물이다.

26. *Salix matsudana*. *Salix matsudana* 'Tortuosa'라는 이름으로 따로 분류되거나, *Salix babylonica tortuosa*라는 수양버들의 아종으로 분류되기도 한다.

27. 친환경 살균제.

28. 흰점찌르레기*Sturnus vulgaris*. 프랑스의 텃새이다.

29. 말벌*Vespa crabro*에는 다양한 아종이 있는데, 한국어로 말벌이라 부르는 동아시아에 서식하는 아종은 *Vespa crabro flavofasciata*이다.

30. 잎벌레과Chrysomelidae를 흔히 부르는 말.

31. 이름처럼 북미에서 가장 흔히 발견되지만, 유럽과 아시아에도 서식한다.

32. 보편적으로 *Chrysolina herbacea*라는 이명으로 불린다. *Oreina menthastri*는 1851년 에두아르트 주프리안Eduard Suffrian이 기재한 학명인데, 프랑스에서만 유독 보편적으로 쓰이는 듯하다. *Oreina* 속과 *Chrysolina* 속 모두 잎벌레과Chrysomelidae에 속한다.

33. 공식적인 한국어 이름은 없다. 꽃무지속*Cetonia*. 유럽 중남부에서 발견된다. 한국에서 꽃무지라고 불리는 종은 *Cetonia pilifera*이다.

34. 공식적인 한국어 이름은 없다. 참넓적꽃무지속*Valgus*. 유럽 전역과 북아프리카에서 발견된다. 한국에서 참넓적꽃무지라고 불리는 종은 *Valgus koreanus*이다. 그림 속 개체는 산란관이 있는 것으로 보아 암컷이다.

35. 프랑스어 이름을 직역한 것. 한국에는 *Oxythyrea* 속이 서식하지 않는다.

36. 호랑꽃무지속*Trichius*. 유럽 전역에서 서식한다. 한국에서 호랑꽃무지라고 불리는 종은 *Trichius abdominalis*이다.

37. 공식적인 한국어 이름은 없다. 별노린재속*Pyrrhocoris*. 유럽에서부터 중국 북서부까지 넓은 지역에 걸쳐 발견된다. 프랑스 이름인 'gendarme'는 역사적으로는 중세부터 존재해온 무장 기병대, 현대에는 무장 헌병을 지칭하는 단어이다. 빨간색의 강렬한 무늬가 옛날 제복을 닮아 생긴 이름인 듯하다.

38. 불개미붙이속*Trichodes*. 남부 유럽에서 발견된다. 한국에서 불개미붙이라고 불리는 종은 *Trichodes sinae*이다.

39. 공식적인 한국어 이름은 없다. 하늘소붙이속Oedemera. 중서부 유럽에서 발견된다. 한국에도 알통다리하늘소붙이 Oedemera lucidicollis, 녹색알통다리하늘소붙이Oedemera virescens 등 다리에 알통이 있는 하늘소붙이 종이 몇 있다. 다리에 알통이 있는 것으로 보아 그림 속 개체는 수컷이다.

40. 공식적인 한국어 이름은 없다. 병대벌레속Cantharis. 유럽 전역과 러시아 중부에 걸쳐 발견된다. 유럽에 사는 유일한 병대벌레 종은 아니다.

41. *Cyanistes caeruleus*.

42. 프랑스에 서식하는 종은 *Parus major*. 한국에 주로 사는 박새는 *Parus minor*로, 이전에는 *Parus major*와 같은 종에 속하는 아종으로 분류되었다. 흔하진 않지만 한국에도 *Parus major*가 서식한다.

43. *Passer domesticus*. 전 세계에 걸쳐 분포한다. 보통 한국의 참새를 생각할 때 떠오르는 흰 뺨에 검은 점, 목 둘레에 하얀 띠가 있는 참새는 참새*Passer montanus*로, 유라시아 전역에 걸쳐 분포한다.

44. *Turdus merula*. 누른부리검은티티라고도 부른다. 서유럽에서는 흔히 볼 수 있으며, 한국에는 아주 가끔 찾아오는 희귀 철새이다.

45. *Erithacus rubecula*. 유럽울새라고도 한다.

46. *Streptopelia decaocto*.

47. 찌르레기과Sturnidae를 흔히 부르는 말. 보통 흰점찌르레기 혹은 유럽찌르레기라 불리는 *Sturnus vulgaris*를 지칭한다.

48. *Columba palumbus*.

49. *Troglodytes troglodytes*.

50. *Aegithalos caudatus*.

51. *Picus viridis*.

52. *Regulus ignicapilla*. 서유럽에서 발견된다.

53. *Dendrocopos major*.

54. 공식적인 한국어 이름은 없다. *Sylvia atricapilla*. 쇠흰턱딱새속*Sylvia*.

55. *Sitta europaea*.

56. 매목 수리과Accipitridae의 다양한 종을 흔히 부르는 말.

57. 백로과의 다양한 종을 흔히 부르는 말. 그림 속 개체는 검은 부리와 검은 다리, 노란 발톱을 가진 쇠백로*Egretta garzetta*이다.

58. *Motacilla cinerea*. 한국에서는 여름 철새, 프랑스에서는 텃새이다.

59. *Dipsacus sativus*. 산토끼꽃속*Dipsacus*. 한국에서 산토끼꽃이라 불리는 종은 *Dipsacus japonicus*이다. 산토끼꽃은 목련강에 속하는 식물로, 토끼풀과는 전혀 다른 식물이다.

60. *Carduelis carduelis*.

61. 칼새과Apodidae의 다양한 종을 흔히 부르는 말.

62. 역사적으로 산토끼꽃의 가시 달린 끝부분은 방직 과정에서 양털을 가지런히 고르기 위한 자연적인 빗으로 쓰였다.

63. *Phoenicurus ochruros*. 남부 유럽에서는 텃새이지만, 유럽 북동부에서 발견되는 무리는 보통 겨울에 북아프리카와 중앙아시아로 이동한다. 저자가 사는 지역에서는 검은머리딱새가 여름 철새로 취급되는 듯하다. 아주 가끔 한국

에 겨울을 지내러 오기도 한다.

64. *Phoenicurus phoenicurus*.

65. *Alcedo atthis*.

66. *Pyrrhula pyrrhula*. 프랑스에서는 텃새이지만 한국에서는 흔치 않게 발견되는 겨울철새이다.

67. 지빠귀속*Turdus*을 흔히 부르는 말.

68. 쥐꼬리망초과 아칸투스속*Acanthus*을 흔히 부르는 말.

69. 모두 프랑스에서 볼 수 있는 닭 품종들이다.

70. 공식적인 한국어 이름은 없다. *Limax maximus*. 노랑뾰족민달팽이속*Limax*. 유럽에서 유래되어 세계 곳곳에 퍼졌지만, 한국에는 서식하지 않는다.

71. 프랑스어 이름을 직역한 것. *Cepaea hortensis*. *Cepaea* 속에는 두 종이 있는데, 두 종 모두 유럽에서만 발견된다.

72. 그로테스크한 작품으로 유명한 캐나다의 영화감독.

73. 공식적인 한국어 이름은 없다. *Testacella haliotidea*. 서부 지중해와 영국에 서식하고, 중부 유럽과 북아메리카 등지에도 서식한다고는 하지만 워낙 희귀한 종이라 정보가 불충분하다. '흰소라민달팽이'라는 번역어는 프랑스어 이름인 흰테스타켈라와 테스타켈라속의 영어 이름인 'shelled slug(껍질 있는 민달팽이)'에서 착안했다.

74. *Vespa velutina*.

75. 본래 아시아의 열대 지방에서 유래된 종으로, 프랑스와 한국 모두에서 외래종이자 꿀벌을 위협하는 해충으로 취급된다. 기후 변화를 따라 점점 유럽에서 더 많은 영역으로 진출하는 중이다.

76. *Glyphodes perspectalis*, 이명 *Cydalima perspectalis*.

77. 공식적인 한국어 이름은 없지만, 대체로 영어 이름인 'red admiral'을 직역해 부르는 듯하다. 프랑스어 이름 'Vulcain'은 대장장이, 또는 로마 신화 속 불과 대장간의 신 불카누스라는 뜻이다. 유럽, 북아프리카, 북아메리카 등에서 발견된다.

78. 이명 *Vanessa cardui*.

79. 프랑스어 이름을 직역한 것.

80. 프랑스어 이름을 직역한 것으로 '불에 탄', 혹은 '그을린'이라는 뜻의 형용사가 이름에 들어가 있다. 검은 줄무늬가 불에 그을린 연기 자국을 닮아서인 듯하다. 호랑나비과 *Iphiclides* 속. 한국에는 *Iphiclides* 속이 서식하지 않는다. 유럽 전역 및 인도와 중국 서부에서 발견된다.

81. 프랑스어 이름인 'Tircis'는 고전 문학에서 양치기의 이름으로 자주 쓰이던 이름이다. 베르길리우스의 전원시에도 철자는 다르지만 발음이 같은 'Thyrsis'가 양치기로 등장하고, 라퐁텐의 우화집에도 'Tircis'라는 이름을 가진 양치기 소년에 관한 이야기가 실려 있다.

82. 네발나비과 *Pararge* 속.

83. 프랑스어 이름을 직역한 것.

84. 프랑스어 이름을 직역한 것.

85. *Sphinx ligustri*.

86. 세 가지 모두 프랑스어로 꼬리박각시를 부르는 별명이다. 솔나물은 작은 노란색 꽃을 한줄기에서 무더기로 피우는 갈퀴덩굴속의 식물이다.

87. 프랑스어를 직역한 것.

88. 이를 가리키는 프랑스어 'Monnaie-du-pape'를 직역하면 '교황의 동전'이 된다. 잎이 동그랗고 은빛 혹은 금빛으로 빛나는 시기가 있어 이와 같은 별명이 붙었다. 발칸반도 및 서남아시아가 원산지이다.

89. 17쪽 참고.

90. 프랑스에서 1855년부터 1978년까지 운영되었던 트럭 및 버스 제조사.

91. 피에레트 라바테. 프랑스의 만화가 겸 영화감독인 파스칼 라바테의 어머니인 것으로 추정된다.

92. *Stevia rebaudiana*. 설탕 대체재로 사용되는 스테비아를 이 식물에서 추출한다. 브라질과 파라과이에서 유래된 식물이다.

93. 운전면허가 없어도 특정한 운전허가증만 있으면 운전할 수 있는 아주 작은 차를 부르는 말. 골프 카트처럼 특정한 목적이 있는 경우도 있고, 보통의 차처럼 도로에서 운전을 하기 위한 것인 경우도 있다. 보통은 바퀴가 네 개이다.

94. 파스칼 라바테는 2006년에 〈작은 시냇물 *Les Petits Ruisseaux*〉이라는 만화를 출판했고, 이 만화를 바탕으로 한 영화를 본인이 직접 감독했다. 대화 중 언급되는 〈작은 시냇물〉이 바로 그 영화로, 2010년에 개봉했다.

95. *Capreolus capreolus*

96. 이는 심미적 효과를 위해 정원의 흙을 나무조각으로 덮는 것이나 유기물이 아닌 고무나 플라스틱 등으로 땅을 덮는 것까지도 의미하지만, 대개는 유기물을 이용한 친환경적인 농업 방식을 지칭한다.

97. *Vipera* 속.

98. 북살모사 *Vipera berus*와 *Vipera aspis*.

99. *Coronella* 속.

100. *Coronella austriaca*.

101. *Natrix natrix*. 유럽 전역과 서남아시아에서 발견된다.

102. 사실, 땅에 떨어진 칼새가 보이면 허공으로 던져서 이륙을 도와야 한다는 것은 잘못된 상식이다. 칼새는 비행 속도가 아주 빠르고, 짝짓기 및 육아 철이 아닌 이상 거의 대부분의 시간을 비행하며 보낸다. 몇 개월 내내 비행을 멈추지 않는 경우도 흔하다. 그렇기에 날개가 고속비행에 특화되어 있으며 다리 역시도 몸에 비해 짧은 편이라, 땅바닥에 떨어지면 혼자서는 날아가지 못한다는 오해가 생겼다. 건강한 칼새는 날개를 펄럭일 공간만 충분하다면 땅에서도 혼자 날아갈 수 있다. 그러니 저자가 한 것처럼 땅에 떨어진 칼새가 보인다고 해서 무조건 던지려고 하지 말자. 이런저런 이유로 칼새가 날개를 움직일 공간이 여의치 않은 경우에는 손에 가만히 올려놓기만 해도 알아서 날아갈 것이다.

103. 사시나무속 *Populus*. 포플러나무라고도 한다.

104. 딱총나무속 *Sambucus*.

105. 어수리속 *Heracleum*.

106. 공식적인 한국어 이름은 없지만, 영어 이름을 직역해 유럽정원거미라고 부르는 경우도 있다.

107. *Pisaura mirabilis*. 서성거미속은 유럽 전역에 걸쳐 서식한다.

108. 프랑스의 18개 레지옹 중 노르망디에 속하는 지역. 프랑스 최북단에 위치한 덕에 해변 관광업이 발달했고, 농업과 목축업도 칼바도스 경제의 큰 부분을 차지한다.

109. 토지 구획 정리는 여러 개의 작은 조각으로 나뉘어 있는 땅을 하나의 커다란 단위로 묶는 토지 개발 방식이다. 이를

통해 개인이 소유하는 땅이 그저 자급자족용으로만 사용되지 않고, (특히 트랙터를 사용함으로써) 땅에서 나는 생산물을 사고 팔 수 있을 정도로 규모가 큰 하나의 경제단위로 작동할 수 있도록 하는 것을 목표로 한다. 프랑스에서는 18세기에 처음으로 근대적인 방식의 토지 구획 정리가 이루어졌을 정도로 오랫동안 행해진 관습이다. 1960년대에서 1980년대까지 아주 활발히 진행되었으며, 칼바도스에서는 대략 1950년대부터 1970년대까지 진행된 것으로 보인다. 특히 칼바도스가 위치한 프랑스 북부는 평지이기에 토지 구획 정리를 더욱 용이하고 활발하게 진행할 수 있었다.

    토지 구획 정리는 필연적으로 이전에 존재하던 생울타리, 덤불, 숲, 소규모 밭이 공존하던 지형의 파괴를 의미했고, 이 과정에서 수많은 생울타리 및 덤불 생태계가 완전히 뿌리 뽑혔다. 이러한 생태적 악영향을 무마하기 위해 토지 구획 정리가 끝난 후에 정부 차원에서 인위적으로 생울타리를 다시 심는 경우도 많았다. 작가가 생울타리를 "토지 구획 정리의 시대가 남긴 토 나오는 잔해"라고 한 것은 토지 구획 정리 이후 인위적으로 심은 생울타리에 대한 거부감을 표출하는 것이라고 볼 수 있다.

110. 자작나무과 서어나무속을 흔히 부르는 말. 한국에서 서어나무라고 불리는 종은 *Carpinus laxiflora*이다.

111. *Prunus spinosa*. 블랙손이라고 부르기도 한다.

112. 프랑스어 이름을 직역한 것. 이 종은 유럽과 러시아에서 발견된다.

113. 프랑스어 이름을 직역한 것. *Ophrys apifera*. 지중해 지역을 중심으로, 유럽 전역과 서남아시아에서 발견된다. 수염줄벌의 암컷을 닮은 줄무늬와 향기를 이용해 번식을 해서 이런 이름이 붙었다.

114. 프랑스어 이름을 직역한 것. *Lacerta bilineata*. 프랑스, 이탈리아, 스페인의 일부 지역 등에서 발견된다. 이름이 암시하듯 이보다 더 동쪽, 즉 발칸반도 및 동유럽 전역에 걸쳐 사는 가까운 친척종 유럽푸른장지뱀*Lacerta viridis*도 있다.

115. *Mantis religiosa*.

116. *Tettigonia viridissima*.

117. 프랑스어 이름을 직역한 것. *Gryllus campestris*. 쌍별귀뚜라미속. 서유럽에서 발견된다.

118. 프랑스어 이름을 직역한 것.

119. 프랑스어 이름을 직역한 것. 한국에는 *Milesia* 속이 서식하지 않는다.

120. 프랑스어 이름을 직역한 것. 풀노린재속.

121. 프랑스어 이름을 직역한 것.

122. 프랑스어 이름으로는 '이탈리아의 홍줄노린재*graphosome d'Italie*', '아를르캥노린재아를레키노노린재, *punaise arlequin*', 그리고 원문에 사용된 '줄무늬노린재*pentatome rayé*' 세 가지가 있다. 엄밀히 말하자면 *pentatome rayé*는 *Graphosoma italicum*과 *Graphosoma lineatum*(*Graphosoma italicum*과 거의 동일하나 주황빛이 도는 노란색을 띤다는 차이가 있다) 두 종 모두에게 사용되는 이름인 듯하다. 프랑스어 '아를르캥' 또는 이탈리아어 '아를레키노'는 이탈리아 희곡에 등장하는 광대를 지칭하는 말로, 우리에게는 영어 발음인 할리퀸으로 더 익숙하다. 한국의 홍줄노린재*Graphosoma rubrolinneatum*는 줄무늬노린재와 유전적으로 매우 유사한 친척종이다.

123. 프랑스 중부에 위치한 지역.

124. 이탈리아와 맞닿아 있는 프랑스 최남단 지역.

125. 집가게거미속*Tegenaria*을 흔히 이르는 말.

126. 프랑스어 이름을 직역한 것. 파푸아뉴기니에서 유래되었다.

127. 영어 이름을 직역한 것. 오스트레일리아에서 유래되었다. 두 종 모두 반려동물로 꽤 흔히 키운다.

128. 일본아네모네라고 부르기도 한다. 이름에는 일본이 들어가지만 중국에서 유래된 꽃이다.

129. 프랑스어 이름을 직역한 것. '갈리아' 혹은 '골'은 로마 제국 시절 프랑스를 포함한 유럽 중부 지역을 가리키던 말이다.

130. 프랑스어 이름을 직역한 것. *Melolontha melolontha*.

131. 프랑스어 이름을 직역한 것. 쇠똥구리아과 *Amphimallon* 속. 유럽과 러시아 남부 등에 걸쳐 발견된다.

132. 프랑스어 이름을 직역한 것. 쇠똥구리아과 *Anoxia* 속.

133. 거위벌레과 Attelabidae나 주둥이거위벌레과 Rhynchitidae의 곤충을 두루 이르는 말.

134. 송장벌레속을 총칭하는 말. 국내에도 서식하는 검정수염송장벌레 *Nicrophorus vespilloides*와 아주 유사하나, 검정수염송장벌레는 등판의 주황색 무늬 중 위쪽 무늬가 더 굵고, 더듬이 끝과 몸 둘레에 주황색 털이 없다는 차이가 있다.

135. 딱정벌레목 반날개과 검정반날개속. 한국에 이 종은 서식하지 않지만, 검정반날개와 한국반날개 등 같은 속의 다른 종은 몇 있다.

136. 가뢰과의 곤충을 통틀어 이르는 말. 하기의 학명 *Mylabris polymorpha*는 가뢰과의 한 종을 가리킨다. 이명은 *Hycleus polymorphus*.

137. 비단벌레과를 총칭하는 말. 삽화에 묘사된 종은 *Anthaxia nitidula*의 암컷처럼 보인다. 초록색으로 빛나는 배와 주황색으로 빛나는 머리와 가슴을 가졌다. 유럽 전역, 북아프리카, 서아시아에 걸쳐 발견된다.

138. 프랑스어 이름을 직역한 것. 이명 *Leptura amata*. 꽃하늘소속.

139. 금풍뎅이속을 가리키는 말. 그림 속 종은 *Geotrupes stercorarius*처럼 보인다.

140. 프랑스어 이름을 직역한 것. 하늘소과 *Cerambyx* 속.

141. 프랑스어 이름을 직역한 것. 줄범하늘소속. 말벌의 생김새와 소리를 흉내내도록 진화했지만 사람에게 위험하지는 않다. 아주 유사하게 생긴 종으로 한국의 넓은촉각줄범하늘소가 있는데, 노란 줄무늬의 수가 더 적다는 차이가 있다.

142. 프랑스어 이름을 직역한 것. 무늬의병벌레과 *Malachius* 속.

143. 바구미과 *Lixus* 속.

144. 잎벌레과 통잎벌레속. 한국의 어깨두점박이잎벌레는 *Cryptocephalus bipunctatus cautus*라는 아종이다.

145. 소똥풍뎅이속.

146. 풍뎅이붙이속.

147. 홍날개과 *Pyrochoroa* 속.

148. 프랑스어 이름을 직역한 것. 검정풍뎅이과 긴다리풍뎅이속.

149. 프랑스어 이름을 직역한 것. 버들하늘소속.

150. *Pipistrellus pipistrellus*. 집박쥐속.

151. 프랑스어 이름을 직역한 것. 길앞잡이속.

152. 프랑스어 이름을 직역한 것. *Pelophylax esculentus*. 연못개구리속. 이명 *Rana esculenta*, 개구리속.

153. 프랑스어 이름을 직역한 것. 송장헤엄치게속.

154. 프랑스어 이름을 직역한 것. 물방개과 *Acilius* 속. 수컷의 몸에 줄무늬가 고랑처럼 파여 있어 생긴 이름인 듯하다.

155. 프랑스어 이름을 직역한 것.

156. 프랑스어 이름을 직역한 것. 실뱀속. 이명 *Hierophis viridiflavus*.

157. 프랑스어 이름을 직역한 것. 알락나방과 *Zygaena* 속.

158. 라자냐 농법은 땅을 빠른 시간 안에 비옥하게 만들기 위해 활용하는 방법이다. 식물을 심기 전 낙엽, 골판지, 짚 등의 '갈색 재료'와 잔디 깎은 것, 야채 껍질 등의 '녹색 재료'를 번갈아가며 높이 쌓고, 그것들이 자연스레 썩어가며 부피가 줄고 땅에 영양을 충분히 공급하면 그 후에 작물을 심는다.

159. 자연을 보호하는 농업 방식이라는 원칙, 또는 그런 원칙 아래 행해지는 다양한 농법을 총칭하는 말. 대표적인 예로 숲속에 작물을 키우는 것이나 도심농장 등이 있다.

160. 로베르 모레즈Robert Morez라는 프랑스 유기농 농법의 초창기 선구자였던 농학자가 개발한 농법으로, '모레즈 언덕'이나 '샌드위치 언덕'이라는 이름으로 불린다.

부우아앙

부우우우웅
부우아아웅

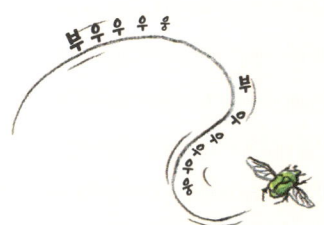

ⓒ Cecile Gabriel

지은이 시몽 위로 Simon Hureau
1977년에 태어났다. 프랑스 캉의 예술학교, 스트라스부르 장식예술학교에서 공부했다. 2001년에 앙굴렘 국제 만화 페스티벌에서 신인상을, 2012년에 《이상한 침입자》로 프랑스 국영철도사 SNCF에서 수여하는 추리물 상을 수상했다. 《정원을 가꾸고 있습니다》는 2020년 블루아 페스티벌에서 상트르발 드 루아르 상을 받은 작품이다.

옮긴이 한지우
미국 윌리엄스 대학에서 영문학과 물리학을 공부한다. 날씨가 좋은 날이면 잔디밭에 앉아 시를 쓰는 모습을 볼 수 있다. 삼분의 일 확률로 프랑스어 시를 쓰고 있을 것이다.

정원을 가꾸고 있습니다

1판 1쇄 발행 2022. 4. 29.
1판 3쇄 발행 2024. 8. 10.

지은이 시몽 위로
옮긴이 한지우

발행인 박강휘
편집 임솜이 디자인 조명이 마케팅 박인지 홍보 이한솔
발행처 김영사

등록 1979년 5월 17일 (제406-2003-036호)
주소 경기도 파주시 문발로 197(문발동) 우편번호 10881
전화 마케팅부 031)955-3100, 편집부 031)955-3200 | 팩스 031)955-3111

값은 뒤표지에 있습니다.
ISBN 978-89-349-6175-8 07520

홈페이지 www.gimmyoung.com   블로그 blog.naver.com/gybook
인스타그램 instagram.com/gimmyoung   이메일 bestbook@gimmyoung.com

좋은 독자가 좋은 책을 만듭니다.
김영사는 독자 여러분의 의견에 항상 귀 기울이고 있습니다.